Leitfaden zur Baukastengestaltung in der Windenergiebranche

Gefördert durch:

Bundesministerium
für Wirtschaft
und Klimaschutz

aufgrund eines Beschlusses
des Deutschen Bundestages

Bibliografische Information der Deutschen Nationalbibliothek
Die Deutsche Nationalbibliothek verzeichnet diese Publikation in der Deutschen Nationalbibliografie; detaillierte bibliografische Daten sind im Internet über https://portal.dnb.de abrufbar.

Günther Schuh, Christian Dölle, Michael Mendl-Heinisch, Gereon Bönsch (Hrsg.):

Leitfaden zur Baukastengestaltung in der Windenergiebranche

1. Auflage, 2023

Gedruckt auf holz- und säurefreiem Papier, 100% chlorfrei gebleicht.

Wissenschaftsverlag des Instituts für Industriekommunikation und Fachmedien
an der RWTH Aachen
Steinbachstr. 25, 52074 Aachen
Internet: www.apprimus-verlag.de, E-Mail: info@apprimus-verlag.de

Druck: CPI Druckdienstleistungen GmbH, Ferdinand-Jühlke-Straße 7 I 99095 Erfurt

ISBN 978-3-86359-987-4

Danksagung

Das Forschungsprojekt „WEA Baukasten“ wurde durch den Projektträger Jülich (PTJ) unter dem Förderkennzeichen 0324164B betreut. Die Finanzierung erfolgte aufgrund eines Beschlusses des Deutschen Bundestags durch das Bundesministerium für Wirtschaft und Klimaschutz, wofür wir uns herzlich bedanken.

Inhaltsverzeichnis

Abbildungsverzeichnis

Abkürzungsverzeichnis

EEG	Erneuerbare-Energien-Gesetz
EU	Europäische Union
LCOE	Levelized cost of energy (Stromgestehungskosten)
MW	Megawatt
OEM	Original Equipment Manufacturer
RDS-PP	Reference Designation System for Power Plants
SCADA	Supervisory Control and Data Acquisition System
VUCA	Volatilität, Unsicherheit, Komplexität und Ambiguität
WEA	Windenergieanlage
WZL	Werkzeugmaschinenlabor der RWTH Aachen University
z.B.	zum Beispiel

1 Einleitung

1.1 Motivation

Zur Umsetzung des Pariser Klimaschutzabkommens ist die Nutzung regenerativer Energien, insbesondere die Windenergie, von zentraler Bedeutung. Unter den erneuerbaren Energien leistet diese den größten Beitrag: über 20 % der gesamten Netzlast entfiel im Jahr 2020 auf Onshore Windenergieanlagen.[1] 2019 wurden auf diese Weise über 100 Terrawattstunden Energie generiert.[2] Die Windenergiebranche befindet sich derzeit aufgrund sinkender Förderungen im Umbruch. Dieser wurde durch die Umstellung des Vergabeverfahrens für Windenergieanlagen in Deutschland im Jahr 2017 von einem Ausschreibungsverfahren mit Festvergütung auf ein Auktionsverfahren abgelöst.[3] Deutschland folgt damit den EU-Richtlinien, um eine wettbewerbsbegünstigende, kosteneffiziente Förderung erneuerbarer Energien zu ermöglichen.[4] Die zur Entlastung der EEG-Umlage ausdrücklich erwünschte Wettbewerbsintensivierung ist dementsprechend erfolgt und wirkt sich insbesondere auf die Anlagenhersteller aus. Diese müssen auf die sinkenden Preise für Windenergieprojekte reagieren und erleben infolgedessen einen hohen Kostendruck.[5]

---

[1] Vgl. Bundesnetzagentur (2021), Stromerzeugung und Stromhandel 2020

[2] Vgl. Bundesministerium für Wirtschaft und Energie (2020), Erneuerbare Energien

[3] Vgl. Fischer (2019), IW-Kurzbericht 71/2019, S. 1

[4] Vgl. Bundesministerium für Wirtschaft und Energie (2017), EEG-Umlage 2017: Fakten und Hintergründe, S. 2

[5] Vgl. Meier (2019), Die Ausgabenstruktur eines Windparks während der Projektentwicklung, S. 161

Einen vergleichbaren Preiskampf hat die Solarbranche in Deutschland bereits hinter sich. Dort erzeugten der Wegfall breiter Subventionen sowie die Konkurrenz, besonders aus China, einen hohen Konsolidierungsdruck[6]. Viele Unternehmen mussten Insolvenz anmelden, der Branchenprimus Solarworld gar zweimal innerhalb kurzer Zeit.[7] Mittlerweile hat sich die Branche erholt und konnte in einer Studie des Fraunhofer ISE im Jahr 2018 sogar die geringsten Stromgestehungskosten aller Energietechnologien erreichen, gefolgt von Onshore Windenergieanlagen und Braunkohlekraftwerken.[8] Die Stromgestehungskosten, im Englischen auch „levelized cost of energy (LCOE)“ sind ein Maß für kosteneffiziente Energieumwandlung. Je geringer diese ausfallen, desto günstiger kann elektrische Energie durch Kraftwerke bereitgestellt werden.[9]

Wenn sich die Windenergiebranche ähnlich zur Solarbranche entwickelt, so ist zunächst eine Konsolidierungsbewegung in der Branche zu erwarten, aus der nur diejenigen Unternehmen erfolgreich hervorgehen werden, die sich als ausreichend robust, innovativ und anpassungsfähig erweisen, um ihre Herstellkosten und damit den LCOE konsequent zu senken und günstigere Produkte anzubieten. Diese Entwicklungen führen zu einer steigenden Leistungsfähigkeit der erfolgreichen Unternehmen dieses Transformationsprozesses.

---

[6] Vgl. Bundesministerium für Wirtschaft und Energie (2020), Bruttobeschäftigung durch erneuerbare Energien 2000 bis 2018; Vgl. Reimer (2019), Die Hoffnung ist biegsam; Vgl. Reimer (2019), Die Hoffnung ist biegsam

[7] Vgl. Handelsblatt (2018), Solarworld ist schon wieder pleite

[8] Vgl. Kost et al. (2018), Stromgestehungskosten Erneuerbare Energien März 2018

[9] Vgl. Tande et al. (2018), Offshore wind energy technology, S. 6f.

Die kumulierte installierte Windenergieleistung weltweit betrug im Jahr 2019 ca. 650.000 MW und ist in den letzten Jahren stetig wachsend (siehe Abbildung 1-1).[2]

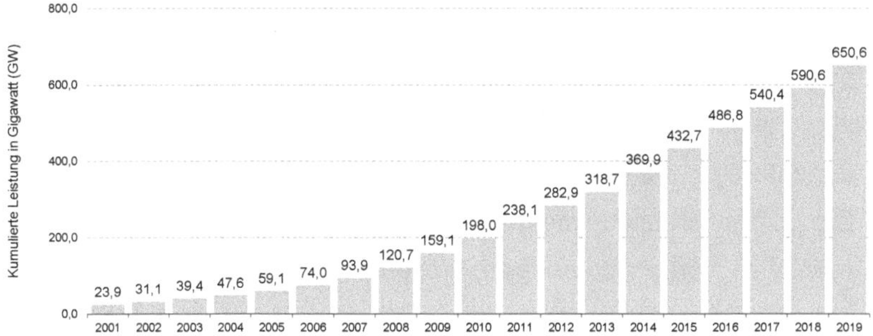

Abbildung 1-1: Kumulierte Windleistung in Gigawatt[10]

Dabei werden jedes Jahr ca. 20.000 bis 30.000 neue Windenergieanlagen installiert, wovon über 30 % allein auf den chinesischen Markt entfallen, welcher nahezu ausschließlich von chinesischen Herstellern bedient wird. Für alle nicht-chinesischen Hersteller verbleiben daher weltweit etwa 13.000 bis 20.000 Windenergieanlagen pro Jahr, die verkauft, produziert und installiert werden können. Die Zahl, der pro Jahr produzierten Windenergieanlagen für einen Hersteller, beträgt – je nach Größe des Unternehmens – zwischen ca. 50 Stück und max. 2.000 Stück, was nach industriellen Maßstäben Klein- oder Kleinstserien entspricht.[11] Zugleich ist das Feld des Maschinen- und Anlagenbaus im Allgemeinen und die Windenergiebranche im Speziellen geprägt von kürzer werdenden Produktlebenszyklen, den steigenden Forderungen nach individuellen Produkten sowie dem steigenden Kostendruck durch die Globalisierung. Ein Grund für diese Entwicklung ist der zunehmende

[10] Vgl. GWEC (2020), GWEC - Global Wind Report 2019, S. 44
[11] Vgl. GWEC (2020), GWEC - Global Wind Report 2019

Wettbewerb der Märkte und das daraus resultierende Bestreben der Unternehmen, sich durch Produktdifferenzierung vom Wettbewerb abzuheben was als unmittelbare Konsequenz der VUCA-Welt anzusehen ist.[12] Insbesondere in der Windenergiebranche ergibt sich die Notwendigkeit der individualisierten Anlagen aufgrund externer Anforderungen. Diese externen Anforderungen ergeben sich aus den politischen und klimatischen Rahmenbedingungen einerseits und den Markt- bzw. Kundenanforderungen andererseits.

Die politischen und klimatischen Rahmenbedingungen umfassen etwa normative Netzanforderungen, Sicherheits- und Kennzeichnungsanforderungen, Standsicherheit, mittlere Windgeschwindigkeit, Luftdruck etc. Vor allem politische Entscheidungen, z.B. die jüngste Novelle des EEG-Gesetzes in Deutschland, haben starke Auswirkungen auf die Windenergiebranche und erfordern von den Unternehmen Anpassungsfähigkeit. Der mittlere Zuschlagswert für die im Auktionsverfahren ausgeschriebenen Fördersätze sank im Jahr 2017 um fast 2 ct/kWh auf nur noch 3,82 ct/kWh.[13] Als Folge resultiert der bereits oben genannte hohe Kostendruck, der Analgenbauer zwingt, ihre Herstellkosten zu senken, um weiter wirtschaftliche Windenergieanlagen anbieten zu können.

Weiterhin sind die kunden- und marktabhängigen Wünsche und Anforderungen (z.B. max. Transportabmessungen, Netzanschlussbedingungen, Netzfrequenz und -spannung, Schallanforderungen etc.) in der Windenergiebranche verglichen mit anderen Branchen sehr bedeutsam und divers.[14] Nahezu jedes Windenergieanlagen Projekt verlangt eine individuell zusammengestellte Windenergieanlage zur optimalen wirtschaftlichen Adressierung dieser Anforderungen, sodass die Hersteller

[12] Vgl. Schuh et al. (2017), Produktkomplexität managen, S. 21

[13] Vgl. Fischer (2019), IW-Kurzbericht 71/2019

[14] Vgl. Molch (2019), Projektmanagement-Office, S. 232

von Windenergieanlagen in den vergangenen Jahren eine hohe Variantenvielfalt erzeugt haben.[15]

Besonders die Automobilindustrie setzt angesichts der Herausforderung wachsender Komplexität bereits sehr erfolgreich Produktbaukästen ein, um gleichzeitig eine große kundenseitige Vielfalt und einen hohen Grad interner Standardisierung zu erreichen. Dazu werden die Produkte aus standardisierten Modulen flexibel zusammengesetzt. So können die Economies-of-Scale und die Economies-of-Scope gleichermaßen adressiert werden.[16]

1.1.1 Motivation aus Sicht der Praxis

Auf Basis der zuvor beschriebenen Herausforderungen, welche sich durch die steigenden externen Anforderungen ergeben, können die folgenden Ziele als relevant für Unternehmen der Windenergiebranche erachtet werden. Unternehmen müssen in der Lage sein, flexibel und kosteneffizient auf die sich ändernden Anforderungen reagieren zu können. Eine Möglichkeit hierzu bieten Produktbaukästen, welche es Unternehmen erlauben, Flexibilitäts- und Kostensenkungspotenziale zu realisieren.[17] Abbildung 1-2 zeigt die Antworten von Unternehmen auf die Frage, welche Ziele bei der Einführung von Produktbaukästen verfolgt wurden und inwiefern diese Ziele erreicht werden konnten.

[15] Vgl. Reuter et al. (2016), Windkraftanlagen, S. 25

[16] Vgl. Schuh (2015), Leitfaden zur Baukastengestaltung

[17] Vgl. Schuh (2015), Leitfaden zur Baukastengestaltung

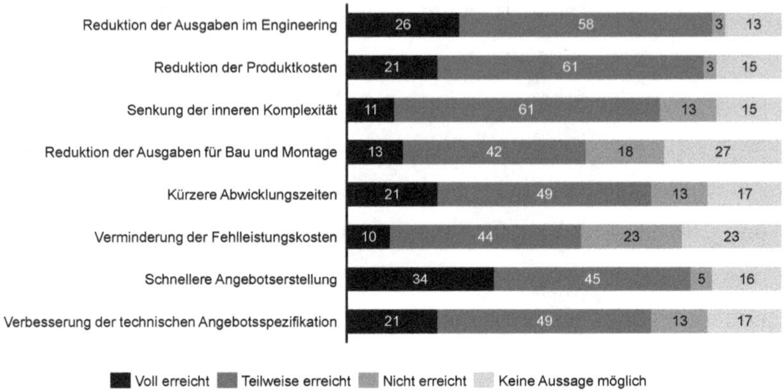

Abbildung 1-2: Ziele bei der Einführung von Produktbaukästen[18]

Skaleneffekte, wie sie sich bei Serienherstellern beispielsweise in der Automobilbranche erzielen lassen, können dabei im Maschinen- und Anlagenbau aufgrund kleinerer Serien häufig nicht im selben Maße erreicht werden.[19] Jedoch ergeben sich hier in Bezug auf die Gestaltung von Produktbaukästen andere Potenziale.

Beim Anlagenbau, zu dem auch die Windenergiebranche zählt[20], treffen typischerweise wenige, hoch spezialisierte Anbieter auf einen beschränkten Nachfragemarkt mit wenigen Abnehmern.[21] Dies führt dazu, dass die Anbietenden sich sehr stark an einzelnen Kunden ausrichten. Es stehen häufig Kundenwünsche und Kundenindividualität im Fokus, die sich durch vermeintliche unterschiedliche Rahmenbedingungen und Funktionalitäten ergeben. Durch den kleineren Absatzmarkt und kleine-

[18] Vgl. maexpartners und VDMA Arbeitsgemeinschaft Großanlagenbau (2014), Modularisierung und Standardisierungsansätze im Anlagenbau

[19] Vgl. Vieweg (2001), Der mittelständische Maschinenbau am Standort Deutschland, S. 62

[20] Bundestag 21.12.2020 – Gesetz für den Ausbau erneuerbarer 21.12.2020, S. 9

[21] Vgl. Voigt (2010), Risikomanagement im industriellen Anlagenbau

ren Kreis an Abnehmenden ergibt sich eine deutlich niedrigere Stückzahl als in anderen Branchen. Daraus resultiert eine Kleinserie, Kleinstserien oder sogar eine Einzelfertigung. Für die Windenergiebranche bedeutet das, dass ein Großteil der Anlage kundenindividuell ausgelegt, entwickelt und konstruiert wird.

Abbildung 1-3 illustriert diese Zusammenhänge im Vergleich der Automobil- und der Windenergiebranche. Es ist ersichtlich, dass sich die Industrien hinsichtlich Funktionskomplexität, Varianz im Produktportfolio und Lebensdauer der Produkte ähneln. Große Diskrepanzen gibt es bei den Stückzahlen und der Änderung der externen Anforderungen.

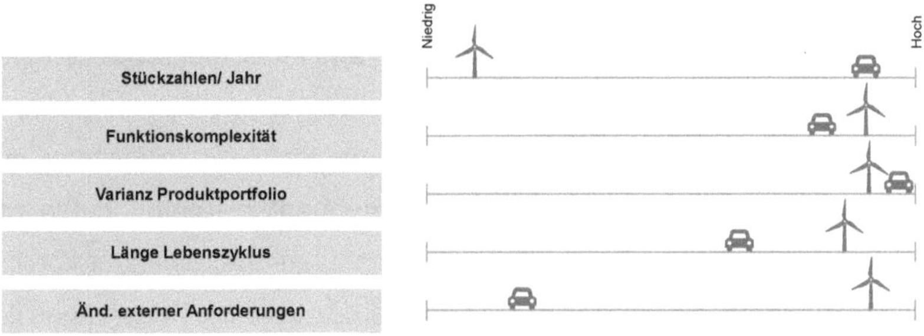

Abbildung 1-3: Komplexitätsvergleich der Automobilbranche und der Windenergiebrache[22]

Im Weiteren soll nun ein Vorgehensmodell vorgestellt werden, welches Produktbaukästen, in Analogie zu der Automobilindustrie, zur Beherrschung der internen Komplexität bei gleichzeitigem breiten Produktportfolio nutzt. Aufgrund der Unterschiede zwischen den beiden Branchen ist neben der Erzielung von Skaleneffekten insbesondere die Verbesserung von Abläufen entlang der Wertschöpfungskette von Interesse. Hierzu können ein verbesserter Vertrieb mittels Konfiguration, eine op-

[22] Eigene Darstellung, WZL

timierte Logistik aufgrund der geringeren Teilevielfalt oder auch geringere Aufwände in der Qualitätskontrolle insbesondere im Bereich der Zertifizierung gezählt werden.
Das innerhalb des Forschungsprojekts „Modulbaukasten für Windenergieanlagen“, kurz „WEA-Baukasten“, mit dem Förderkennzeichen 0324164B entwickelte Vorgehen, hat dabei genau an diesen Punkten angesetzt und soll die Unternehmen bei der Umsetzung eines Produktbaukastens unterstützen.

1.1.2 Motivation aus Sicht der Forschung

Ein Baukastensystem[23] ermöglicht Produktvarianten unterschiedlicher Gestalt und Funktion durch Kombination aus einer möglichst geringen Anzahl von Bausteinen unterschiedlicher Gestalt und Funktion zusammenzusetzen. Das Ziel ist der Aufbau eines technischen Systems aus einzelnen Modulen, Baugruppen und Komponenten. Komponenten sind in sich abgeschlossene und über Schnittstellen untereinander kompatible Elemente, die nicht weiter zerlegt werden können. Baugruppen bestehen aus mehreren Komponenten und/oder (Unter-)Baugruppen. Funktional und geometrisch unabhängige Subsysteme, welche durch standardisierte Schnittstellen flexibel miteinander kombiniert werden können, werden als Module bezeichnet.[24] Je nach Kombination dieser können technische Systeme unterschiedlicher Eigenschaften aufgebaut werden. Damit lassen sich spezifische Funktionsumfänge realisieren, welche die Konfiguration aus unterschiedlichen Modulen, Baugruppen und Komponenten darstellen. Durch die Kategorisierung in Module,

[23] Vgl. Breunig (2017), Produktarchitekturgestaltung mechatronischer Baukastensysteme

[24] Vgl. Schuh et al. (2017), Produktkomplexität managen, S. 94

Baugruppen und Komponenten entsprechend ihrer Funktion (funktionsorientierte Gliederung), lassen sich Grund-, Hilfs-, Sonder-, Anpass- und auftragsspezifische Funktionen unterscheiden. Baukastensysteme, die auftragsspezifische Funktionen zulassen, werden als „offen“ bezeichnet. Andernfalls wird von „geschlossenen“ Baukastensystemen gesprochen.[25] Geschlossene Systeme haben folglich eine begrenzte und genau definierte Anzahl möglicher Kombinationen. Die sich ergebende Variantenanzahl bildet die sogenannte externe Vielfalt. Die Entwicklung von Windenergieanlagen erfordert ein hohes Maß an Anpassungsfähigkeit (siehe Kapitel 1.1.1), daher ist hier ein offenes System vorzuziehen.

Es gibt unterschiedliche Gestaltungsansätze zur Erreichung von Gleichheiten zwischen Produktvarianten. In der Windenergiebranche werden heutzutage hauptsächlich Plattformansätze verwendet, welche die Nutzung eines gemeinsamen Kerns von Gleichteilen über alle Produktvarianten hinweg forcieren. Dem gegenüber erlauben Baukastenansätze die flexible Kombination von Elementen, ohne auf einen gemeinsamen Kern zu bestehen (siehe Abbildung 1-4).[26]

---

[25] Vgl. Barg (2017), Kontextbezogene Auslegung von Produktbaukästen, S. 42f.

[26] Vgl. Arnoscht (2011), Beherrschung von Komplexität bei der Gestaltung von Baukastensystemen, S. 22ff.

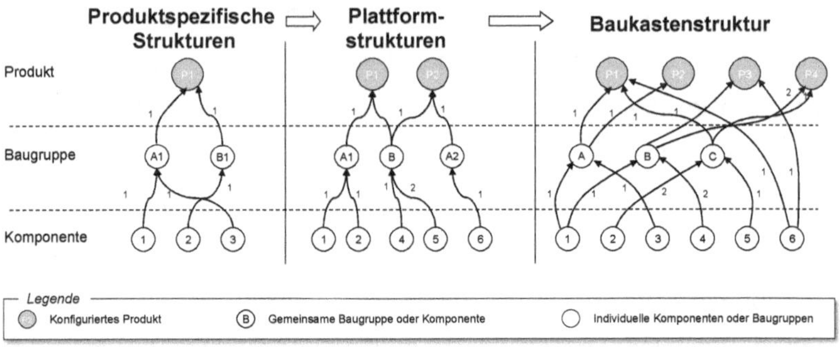

Abbildung 1-4: Unterscheidung von Plattform- und Baukastenstrukturen[27]

Die Herausforderung besteht in der Übertragung von bestehenden Produktplattformen und Produktvarianten in einen Baukastenansatz, welcher auf die Besonderheiten und Rahmenbedingungen der Windenergiebranche eingeht.

Eine Übertragung der bestehenden Konzepte zur Baukastenentwicklung auf die Windenergiebranche mit ihren spezifischen Rahmenbedingungen war somit die Kernaufgabe des Forschungsprojekts. Hierzu galt es zuerst, das Wertschöpfungspotenzial eines Produktbaukastens für diese Anwendung zu konkretisieren. Die Frage, ob sich nennenswerte Skaleneffekte erzielen lassen oder nicht, spielte hierbei eine entscheidende Rolle. Weiteren wesentlichen Vorteilen einer Komplexitätsreduktion mittels eines modularen Produktbaukastens und den damit verbundenen geringeren Komplexitätskosten sowie Entwicklungszeiten standen potenzielle Nachteile, wie ein teilweises Over Engineering von Komponenten, entgegen. Zur Entwicklung eines modularen Baukastens für Windenergieanlagen musste daher im ersten Schritt eine Ana-

[27] Vgl. Arnoscht (2011), Beherrschung von Komplexität bei der Gestaltung von Baukastensystemen

lyse und Bewertung der Ist-Situation erfolgen. Die tiefgreifenden Änderungen, die eine Einführung eines modularen Baukastens für das gesamte Produktportfolio erfordern, sowie das damit verbundene hohe Entwicklungsrisiko, bedürfen einer umfassenden Konzeptbewertung, bevor die Umsetzung erfolgt.

Das im Zuge des Forschungsprojekts „WEA-Baukasten" entwickelte Vorgehen adressiert dabei auch diese Fragestellungen und unterstützt dadurch eine sinnvolle Auswahl eines Baukastenkonzepts für Unternehmen in der Windenergiebranche.

1.1.3 Besonderheiten der Windenergiebranche

Unternehmen in der Windenergiebranche sind speziellen Herausforderungen ausgesetzt. Während Baukastenkonzepte in anderen Branchen, etwa dem Automobilbau, weit verbreitet sind, lassen sich die Prinzipien dieser nicht ohne eine Adaption des Entwicklungsvorgehens an die spezifischen Gegebenheiten auf die Windenergiebranche übertragen. Windenergieanlagen werden in aller Regel in Kleinstserien gefertigt. Windparks mit mehr als 100 Anlagen sind eher selten, oft bestehen diese nur aus einer geringen Anzahl oder gar einer einzelnen Windenergieanlage.[28] Hersteller vertreiben wie bereits angemerkt etwa 50 bis 2.000 Windenergieanlagen pro Jahr. Windparks werden in Abstimmung mit den Kunden als Projekte und nicht als einzelne Produkte verkauft. Dies entspricht einem Engineer-to-Order-Prozess bei dem im Gegensatz zu einem Configure-to-Order-Prozess stets Entwicklungsaufwände anfallen. Weiterhin besteht ein Projekt in der Regel aus unterschiedlichen Typen von Windenergieanlagen, weil diese den spezifischen Bedingungen vor Ort angepasst werden. So wird dem Nachlauf-Effekt

[28] Vgl. Falkenberg (2015), Marktanalyse – Windenergie an Land, S. 5

Rechnung getragen, welcher die Beeinflussung einer Windenergieanlage durch andere beschreibt.[29] Die Kundenwünsche sowie die projekt- bzw. parkspezifischen Rahmenbedingungen stellen hohe individuelle Anforderungen. Zwar wird diesen externen Anforderungen durch die projektspezifische Konstruktion Rechnung getragen, Aspekte der Standardisierung spielen dabei jedoch meist eine untergeordnete Rolle. Dieser mangelnde Fokus, aber auch die verschiedenen Anforderungen an sich, resultieren in einer großen Varianz im Produktportfolio. Zu Beginn müssen daher die externen Anforderungen der Windenergiebranche an ein Baukastensystem bestimmt werden.

Die variantentreibenden Anforderungen an Windenergieanlagen lassen sich grob in drei Bereiche gliedern. Diese Teilbereiche beinhalten externe Anforderungen, projektinduzierte Anforderungen und prozessinduzierte Anforderungen. Die externen Anforderungen haben ihren Ursprung im Wesentlichen in den regions- oder länderspezifischen Rahmenbedingungen. Nationale Standards und Normen machen Vorgaben hinsichtlich Arbeitssicherheit und Anlagensicherheit. Die Einhaltung dieser Vorgaben werden im Allgemeinen durch Zertifizierung seitens unabhängiger Akkreditierungsstellen bestätigt.[30] Weiterhin lassen sich die häufig national vorgegebenen Netzanschlussbedingungen unter dieser Überschrift subsumieren, welche das Vorgehen vom Antrag über die Netzverträglichkeitsprüfung bis zur Trassierung und Kabelverlegung zum Netzanschlusspunkt regeln.

---

[29] Vgl. Kern et al. (2019), Das Potenzial von vertikalen Windenergieanlagen im Kontext wachsender Flächennutzungskonflikte und Akzeptanzprobleme der Windenergie, S. 294

[30] Vgl. Rheinland (2018), Prüf- und Zertifizierungsordnung für Windenergieanlagen, S. 2ff.

Die Projektanforderungen basieren auf den jeweiligen spezifischen Rahmenbedingungen, unter denen ein Windanlagen- oder Windparkprojekt realisiert werden soll. Diese betreffen zum einen den Standort und die geografische Lages des Projekts selbst, aus der unterschiedlichste Vorgaben für den Transport und die Installation der Windenergieanlage erwachsen können, wie z.B. maximale Transportlängen, -gewichte und -abmessungen, die Möglichkeit des Einsatzes unterschiedlichster Kran- und Logistikkonzepte etc. Zum anderen betrifft dies die individuellen klimatischen Gegebenheiten des jeweiligen Standortes. Hier sind insbesondere die jeweiligen Windregime in ihren diversen Ausprägungen hinsichtlich Durchschnitts- und Maximalwindgeschwindigkeiten, Windverteilung, Windscherung und Windturbulenz zu beachten. Darüber hinaus resultieren aus den jeweils vorherrschenden Temperaturbedingungen weitere Anforderungen an die Windenergieanlage hinsichtlich des Temperaturmanagements (z.B. Heizung, Enteisung, Kühlung, Korrosionsschutz etc.). Weiterhin kann es projektspezifische Rahmenbedingungen geben, denen Rechnung getragen werden muss. Hier seien beispielhaft die Anforderungen an den anlageninduzierten Schall, die Vermeidung von Vogel- und Fledermauskollisionen und die möglicherweise erhöhten Blitzschutz- oder Erdbebenanforderungen genannt.[31] Der dritte Bereich umfasst die prozessinduzierten Anforderungen, die sich insbesondere auf die aus den vorhandenen Produktionsstätten und -prozessen sowie der vorhandenen oder zu entwickelnden Zuliefererkette ergeben. Aus den Produktionsstätten mit ihren spezifischen Abläufen ergeben sich Anforderungen an die Bauteile, Komponenten und Module (z.B. Bauraumvorgaben, maximale Gewichte durch

[31] Vgl. Lütkehaus et al. (2013), Potenzial der Windenergie an Land, S. 2

limitierte Kran-Kapazitäten etc.), die beim Design neuer Windenergieanlagen zu berücksichtigen sind. Darüber hinaus muss die Produktion auch dem hohen Maß an Individualisierung der Anlagen Rechnung tragen, da sich in Abhängigkeit vom jeweiligen Kundenprojekt der Umfang und die Konfiguration der zu produzierenden Windenergieanlage unterscheiden. Allein die Rotordurchmesser von Onshore Windenergieanlagen haben Maße von 40 bis 160 Metern, wodurch sich eine große Bandbreite an Werkzeugdimensionen und Fertigungsabläufen ergibt.[32] Vorteilhaft für die Aufwände und die Durchlaufzeiten in der Produktion wäre es also, den Variantenentstehungspunkt einer Windenergieanlage möglichst weit nach hinten zu schieben. Hierzu ist ein Baukasten derartig zu gestalten, dass ein möglichst großer Teil der Windenergieanlage unabhängig vom jeweiligen Kundenprojekt produziert werden kann.

Weiterhin ist die Zuliefererkette ein maßgeblicher Treiber für die Variantenvielfalt eines Herstellers von Windenergieanlagen. Die Festlegung auf nur einen Lieferanten für ein Bauteil oder eine Komponente ist immer mit hohen Risiken verbunden. So kann es beispielsweise durch äußere Umstände oder Liquiditätsprobleme zu Lieferantenausfällen kommen. Womöglich treten technische Probleme mit den gelieferten Teilen auf oder der Zuliefernde nutzt seine Marktmacht, um dem Abnehmenden höhere Preise zu diktieren. Daher werden für die meisten Bauteile und Komponenten mehr als ein Lieferant herangezogen und qualifiziert. Für die Anlage bedeutet dies allerdings eine weitere Erhöhung der Komplexität, da die Bauteile und Komponenten der unterschiedlichen Liefernden in den seltensten Fällen identisch sind, sondern lediglich – im Idealfall – dieselben Schnittstellen nutzen und vergleichbare Bauräume benötigen. Die Lieferantenvielfalt ist daher zugleich eine wirtschaftliche

[32] Vgl. Enercon GmbH (2019), Enercon Produktportfolio

Notwendigkeit und ein Variantentreiber, der die Komplexität weiter erhöht (siehe Abbildung 1-5).

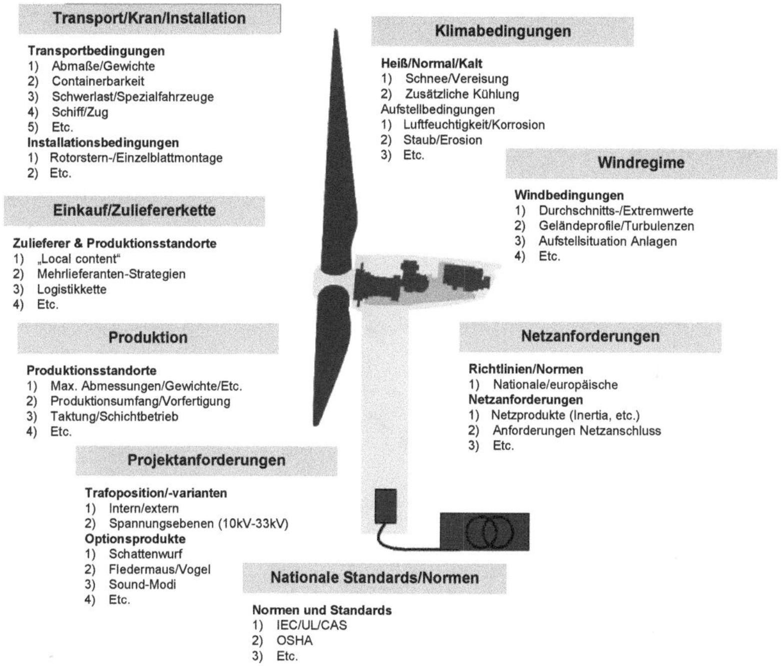

Abbildung 1-5: Komplexitäts- und Variantentreiber von Windenergieanlagen[33]

1.2 Zielsetzung und Aufbau

Ziel dieses Leitfadens ist es, die wesentlichen Schritte zur systematischen Gestaltung eines Baukastens für Unternehmen der Windenergiebranche darzulegen und der Industrie zugänglich zu machen. Dabei wird ein generisches Vorgehen vorgestellt, welches anhand von Beispielen und Erkenntnissen des Forschungsprojekts erläutert wird. Der

[33] Eigene Darstellung, WZL

Leitfaden dient zur Handlungsorientierung, anhand welcher Unternehmen Schritte hin zu modular gestalteten Produkten mit kundenorientierter Ausrichtung ableiten können und wurde auf Basis der Ergebnisse des Forschungsprojekts „WEA-Baukasten“ verfasst.

Eingangs wurden die Motivation für die Verwendung von Produktbaukästen in der Windenergiebranche und des Leitfadens erläutert. Nachfolgend wird das Forschungsprojekt „WEA-Baukasten“ vorgestellt, bevor in Kapitel 1.4 die Potenziale von Produktbaukästen für die Windenergiebranche dargestellt werden. Kapitel 2 beschreibt die Erfolgsfaktoren zur Gestaltung von Baukästen sowie eine Grobkonzeptionierung des Vorgehens zur Baukastengestaltung, welche im nachfolgenden Kapitel 3 detailliert wird. Im vierten Kapitel wird das Vorgehen zusammenfassend dargestellt.

Als Zielgruppe des Leitfadens können Windenergieanlagenbauer genannt werden, welche typischerweise mehrere Baureihen unterschiedlicher Leistungsklassen, für verschiedene Einsatzgebiete anbieten. Innerhalb dieser Baureihen besteht eine hohe, typischerweise historisch gewachsene Variantenvielfalt, welche insbesondere aus dem rasanten Marktwachstum der vergangenen 15 Jahre resultiert. In Folge der sehr individuellen Anforderungen bei Kundenprojekten bedarf fast jedes Kundenprojekt einer individuellen Analyse der Topografie des Aufstellorts und der Klimabedingungen. Auf Basis dieser Analysen wird eine individuell zusammengestellte Anlage zur optimalen wirtschaftlichen Ausnutzung der gegebenen Rahmenbedingungen abgeleitet, sodass ein gewisses Maß an Flexibilität hinsichtlich der Produktkonfiguration notwendig ist.

Die Inhalte des Leitfadens sind auch für weitere Anspruchsgruppen in der Branche interessant. Strategische Zulieferer, besonders solche, die nicht nur nach Zeichnungsangabe fertigen, sondern Baugruppen, Komponenten oder ganze Module entsprechend eigener Spezifikationen entwickeln, können von der Nutzung modularer Produktbaukästen ebenfalls profitieren. Darüber hinaus ist das Vorgehen aber prinzipiell auch auf andere Unternehmen übertragbar, die ein zur Branche ähnliches Profil aufweisen.

Während die strategische Entscheidung zur Einführung eines Baukastens durch das Top-Management zu treffen ist, obliegt die Umsetzung und Ausgestaltung dieser Entscheidung oft dem mittleren Management. Für dieses ist der Leitfaden folglich besonders interessant. Inhaltlich sind die Unternehmensfunktionen Vertrieb, Produkt- und Portfoliomanagement, Produktenwicklung, aber auch Produktion und Service nahezu alle involviert.

In seiner Gesamtheit soll der vorliegende Leitfaden eine Übersicht zur systematischen Baukastengestaltung liefern, relevante Methodenelemente beschreiben und auf die Besonderheiten der Windenergiebranche eingehen. Die einzelnen Schritte werden zusätzlich an einem Praxisbeispiel aus dem Forschungsprojekt „WEA-Baukasten“ illustriert.

1.3 Vorstellung des Forschungsprojekts „WEA-Baukasten“

Übergeordnetes Ziel des Verbundprojekts „WEA-Baukasten“ war die Erarbeitung eines Leitfadens für die Entwicklung eines modularen Baukastens für Windenergieanlagen und die Erprobung anhand einer Demonstrator Anwendung. Damit wird die Steigerung der Gesamtwirtschaftlichkeit des Anlagenportfolios bezweckt. Diese sollte durch eine Reduktion der Komplexität des Portfolios einhergehend mit einer verbesserten Möglichkeit zur Produktanpassung basierend auf externen

Anforderungen erreicht werden. Dabei sollten Anpassungen in Zukunft flexibler vorzunehmen sein, geringere Aufwände verursachen und somit auch schneller umsetzbar sein. Dies resultiert auch in einer deutlich geringeren Time-to-Market für neue Produktvarianten. Diese Ziele wurden durch die Erarbeitung des Vorgehensmodells zur Entwicklung eines modulbasierten Produktbaukastens erreicht und anhand eines Demonstrators erprobt.

Die Erkenntnisse dieses Leitfadens wurden im Rahmen eines gemeinsamen Forschungsprojekts vom Werkzeugmaschinenlabor WZL der RWTH Aachen University und einem Unternehmen aus der Windenergiebranche erarbeitet. Das Unternehmen entwickelt, vertreibt und errichtet Windenergieanalgen sowohl in Deutschland als auch international. Der Lehrstuhl für Produktionssystematik des WZL der RWTH Aachen University befasst sich unter der Leitung von Prof. Dr.-Ing. Dipl.-Wirt. Ing. Günther Schuh seit vielen Jahren in verschiedenartigen Forschungs- und Industrieprojekten mit Fragestellungen rund um Themen des Innovationsmanagements. Dieses kann wiederum in die Bereiche des Komplexitäts- und des Entwicklungsmanagements aufgeteilt werden. Die Baukastengestaltung ist dabei eine der Kernkompetenzen des Lehrstuhls und hat sich auch durch zahlreiche Industrieprojekte als praxistauglich erwiesen.

Im Rahmen des Projekts wurde ein systematisches Vorgehen erarbeitet, mit dem Unternehmen der Windenergiebranche einen Baukasten entwickeln und einführen können. Der Praxisleitfaden unterstützt dabei die Einführung eines Produktbaukastens, indem das Vorgehen vorgestellt wird. Dabei soll den Unternehmen sowohl eine Reduktion interner Vielfalt als auch die anforderungsbezogene Realisierung externer Vielfalt ermöglicht werden. Damit lassen sich Kosten- und Wettbewerbsvorteile erzielen. Das übergeordnete Vorgehen zur Entwicklung eines modularen Produktbaukastens für Windenergieanlagen, kann in unterschiedliche Teilschritte unterteilt werden (siehe Abbildung 1-6).

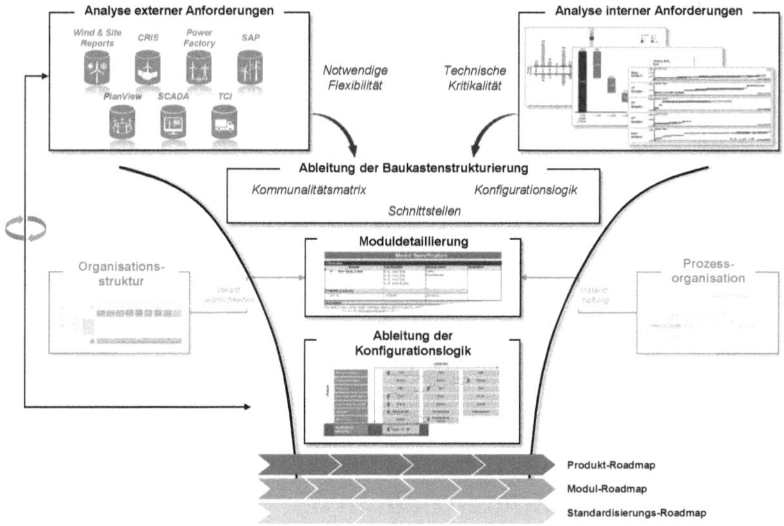

Abbildung 1-6: Vorgehensmodell zur Baukastenentwicklung in der Windenergiebranche[34]

Zu Beginn müssen die externen Anforderungen bestimmt werden. Diese lassen sich als Anforderungsraum darstellen und sind die wesentlichen Variantentreiber, weil sie aus Sicht der Kunden differenzierend sind. Zusammen mit den weiteren Anforderungen aus Projekt- und Prozesssicht stellen diese das Baukastenlastenheft dar, welches durch ein Baukastenpflichtenheft erfüllt werden muss. Das Baukastenpflichtenheft wiederum umfasst eine generische Produktstruktur, durch welche Windenergieanalgen übergreifend und lösungsneutral beschrieben werden können. Weiterhin enthalten ist eine Festlegung und Definition der Modulvielfalt, Ableitung von Standards sowie der übergreifenden

[34] Eigene Darstellung, WZL

Konfigurationslogik der Module. Als abschließendes Ziel wurde mit den Modulsteckbriefen eine Möglichkeit entwickelt, die einzelnen Module für die Entwicklung zu dokumentieren. Zur nachhaltigen Implementierung und Verwendung des Produktbaukastens müssen aufbau- und ablauforganisatorische Anpassungen erfolgen.

Die entwickelten Methodenschritte ergeben in ihrer Kombination eine Methodik zur Erarbeitung von Baukästen in der Windenergiebranche. Dies befähigt Unternehmen dazu, an externe Anforderungen besser angepasste Produkte bei geringeren Herstellkosten und mit kürzeren Durchlaufzeiten anzubieten. Hierdurch können perspektivisch niedrigere Stromgestehungskosten für die Windenergie erreicht werden, sodass das Projekt einen Beitrag zu einer umweltschonenden, zuverlässigen und bezahlbaren Energieversorgung leistet.

1.4 Baukastenpotenziale in der Windenergiebranche

Die Windenergiebranche ist geprägt von hohen marktseitigen Individualisierungsanforderungen. Es gibt keine One-Size-Fits-All-Windenergieanlage und angesichts der großen Unterschiede der Rahmenbedingungen (z.B. politisch, geographisch etc.) im internationalen Marktumfeld ist eine solche Lösung auch impraktikabel. Stattdessen nutzen Unternehmen Produktvarianten, um die externen Anforderungen zu erfüllen. Oft erfolgt die Erweiterung des Produktportfolios jedoch nicht systematisch. Historisch gewachsene Produktvielfalt treibt auch die interne Vielfalt in die Höhe. Unternehmensübernahmen oder Fusionen, wie sie im derzeitigen, von Konsolidierungsdruck geprägten Wettbewerb nicht selten sind, verstärken diesen Effekt zusätzlich. Baukastenansätze versprechen hierbei eine effiziente Entwicklung und Produktion in variantenreichen Produktprogrammen durch die strukturelle Festlegung von Standards. Durch Standard- und Anpassmodule können sowohl Kundenanforderungen aus den Kernmärkten als auch Kundenanforderungen aus Nischenmärkten erfüllt werden. Die Potenziale eines modularen Produktbaukastens werden entlang der gesamten Wertschöpfungskette über den kompletten Produktlebenszyklus einer Windenergieanlage erzielt. Hierzu werden im Folgenden die Hauptnutzen in den drei Kategorien Kostenreduktion, Time-to-Market und Flexibilisierung beschrieben[35]:

Kostenreduktion

Durch eine Reduktion der internen Vielfalt, hohe Kommunalität[36] und weitgehende Standardisierung ermöglichen Produktbaukästen eine erhebliche Kostensenkung durch die Realisierung von Skaleneffekten. Dabei können Kommunalitäten grundsätzlich auf unterschiedlichen Ebenen erzielt werden. Auf der untersten Stufe steht die Anforderungskommunalität. Hier wird die Fähigkeit, baukastengerechte Anforderungen zu erzeugen, geschaffen. Auf Basis dieser können im nächsten Schritt Funktionskommunalitäten geschaffen werden. Durch eine einheitliche Funktionsstrukturierung gepaart mit entsprechenden Dokumentationsstandards und Richtlinien können Funktionen einheitlich beschrieben werden. Hierdurch können auf der nächsten Ebene Technologiekommunalitäten geschaffen werden.

---

[35] Vgl. Breunig (2017), Produktarchitekturgestaltung mechatronischer Baukastensysteme, S. 39

[36] Vgl. Schuh (2015), Leitfaden zur Baukastengestaltung, S. 37

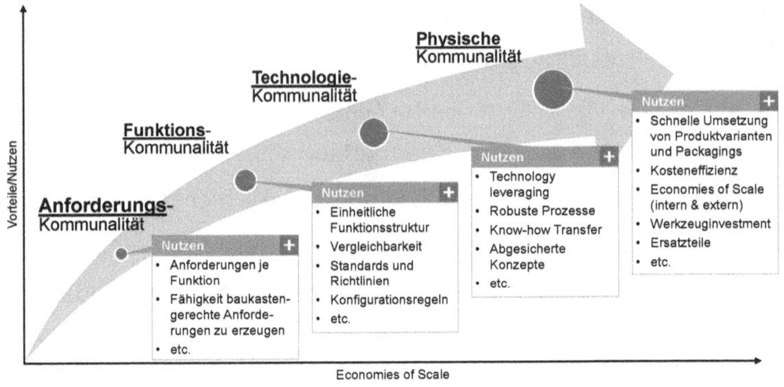

Abbildung 1-7: Kommunalitäten auf unterschiedlichen Ebenen[37]

Durch die Nutzung gleicher Technologien zur Funktionserfüllung können Prozesse robust gestaltet und abgesicherte Konzepte genutzt werden. Abschließend können physische Kommunalitäten im Baukasten erzielt werden, welche insbesondere auf die Kosteneinsparung eine hohe Wirkung haben. Als durchschnittliche Einsparpotenziale haben sich hierbei Werte von 10 % - 25 % als realisierbar erwiesen[38]. Diese setzten sich zu unterschiedlichen Teilen aus Verbesserung in der Konstruktion, geringeren Fehlleistungs- und Gewährleistungskosten sowie einer verbesserten Fertigung und Montage zusammen. Dies hat erheblichen Einfluss auf die Stromgestehungskosten, welche zu 75 % auf Fertigung, Montage und Netzanschluss zurückzuführen sind.[39]

Time-to-Market

Produktbaukästen bewirken eine Reduktion von Entwicklungs- und Durchlaufzeiten. Verringerte Entwicklungszeiten lassen sich auf eine

[37] Vgl. Schuh (2012), Innovationsmanagement, S. 157f.

[38] Vgl. maexpartners und VDMA Arbeitsgemeinschaft Großanlagenbau (2014), Modularisierung und Standardisierungsansätze im Anlagenbau, S. 25

[39] Vgl. Letcher (2017), Wind energy engineering, S. 9

modulare Produktstruktur mit standardisierten Schnittstellen zurückführen. Diese ermöglicht es, den Entwicklungsfokus auf einzelne Module zu legen, ohne das ganze Produkt anzupassen. Stattdessen können gezielt die aufgrund der Rahmenbedingungen anzupassenden Module adressiert werden. Die Schnittstellendefinition sichert eine Integrierbarkeit in das Produkt. Folge ist eine kürzere Time-to-Market, was in einer schnellen Reaktionsfähigkeit auf geänderte externe Anforderungen resultiert. Die Durchlaufzeit kann hierbei durch eine Verschiebung von einer „Engineer-to-Order“- hin zu einer „Configure-to-Order“-Auftragsabwicklung maßgeblich verringert werden. Kürzere Durchlaufzeiten gepaart mit stabilen Prozessen führen zu kurzen Lieferzeiten und hoher Termintreue. Die Prozessbeschleunigung liefert somit einen Wettbewerbsvorteil. Dabei können Durchlaufzeiten in der Auftragsabwicklung durch die Modularisierung um ca. 10 % - 15 % reduziert werden (siehe Abbildung 1-8).

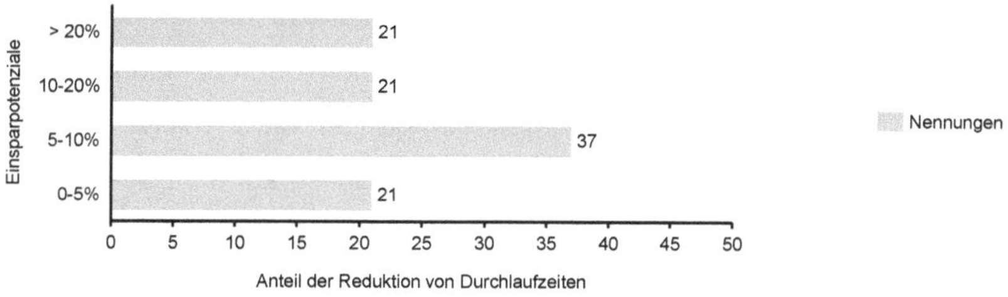

Abbildung 1-8: Reduktion der Durchlaufzeiten durch Baukästen[40]

[40] Vgl. maexpartners und VDMA Arbeitsgemeinschaft Großanlagenbau (2014), Modularisierung und Standardisierungsansätze im Anlagenbau, S. 22ff.

Flexibilisierung

Aus einem Baukasten können neue Varianten abgeleitet werden, indem technische Module entsprechend der definierten Kombinatorik konfiguriert werden.[41] Dies ermöglicht die Konfiguration von Produkten passend zu den externen Anforderungen. Insbesondere wenn es sich um offene Baukästen handelt, können auch neue Funktionen über entsprechende Module integriert werden. Diese Neuentwicklungen erfolgen entlang zu definierender Standards, die eine Kompatibilität mit dem Baukasten gewährleisten. Dadurch wird die kundenseitig geforderte Varianz ermöglicht, was die Anpassung an volatile Rahmenbedingungen erleichtert. Weiter wird auch ein breites Produktportfolio ermöglicht, sodass auch „Exoten", die in konventionellen Produktportfolios nicht rentabel sind, unter Ausnutzung der Skaleneffekte wirtschaftlich angeboten werden.

Eine kostengünstigere, schnellere und flexiblere Produktentwicklung und Produktion ermöglicht die Realisierung von Wertschöpfungspotenzialen und Wettbewerbsvorteilen. Weiterhin ermöglicht ein modularer Baukasten eine flexible Reaktion auf abweichende Kundenanforderungen und umweltbedingte Rahmenbedingungen durch definierte Schnittstellen. Nachdem in diesem Kapitel maßgeblich auf die Potenziale von modularen Produktbaukästen eingegangen wurde, folgt anschließend eine Beschreibung der Gestaltung von Baukastensystemen zur Realisierung dieser Potenziale.

[41] Vgl. Schuh et al. (2017), Produktkomplexität managen, S. 196

2 Gestaltung von Baukastensystemen in der Windenergiebranche

Nachdem im vorangegangenen Kapitel der Baukasten als ein Lösungselement der Herausforderungen in der Windenergiebranche vorgestellt wurde, erfolgt in Kapitel 2.1 die Darstellung von Erfolgsfaktoren für die Einführung eines Baukastens. Weiterhin wird in Kapitel 2.2 das Grobkonzept für den Entwicklungsprozess von Baukästen in der Windenergiebranche vorgestellt.

2.1 Erfolgsfaktoren der Baukastengestaltung

In Kapitel 2.1 werden Erfolgsfaktoren für die Einführung von Baukästen vorgestellt. Diese beziehen sich auf die Vorbereitung, Durchführung und Absicherung der Ergebnisse des Baukastenentwicklungsprozesses.

2.1.1 Erfolgsfaktoren für die Vorbereitung der Baukastengestaltung

Die vorbereitenden Erfolgsfaktoren sind allesamt Aspekte eines erfolgreichen Change-Managements, sollen also den Veränderungsprozess, der durch die Einführung eines Baukastens angestoßen wird, begleiten und unterstützen. Die vier Aspekte sind: Top Management Commitment, Einbindung der Anspruchsgruppen, klare Zielformulierung sowie die Initiierung eines Mentalitätswandels.

Das Top Management Commitment, also das klare Bekenntnis der Entscheidungstragenden im Unternehmen zur Einführung des Baukastens ist die Grundlage für alle weiteren Schritte. Die Einführung eines Baukastens ist eine strategische Entscheidung, die ohne die Unterstützung der Führungsebene nicht umsetzbar ist.[42] Das Top Management Commitment stellt damit sicher, dass der Baukastenentwicklungsprozess auf ausreichend Ressourcen zugreifen kann, dass die nötige Priorisierung erfolgt und dass der Baukastenentwicklungsprozess als umfassendes Programm und nicht als einzelnes Projekt verstanden wird. Dieses Programm ist auf die langfristigen Unternehmensziele von Wachstum und Nachhaltigkeit ausgerichtet.

Die Einbindung aller Anspruchsgruppen stellt das Bottom-up-Komplement zum Top-down-Aspekt des Top Management Commitment dar. Indem ihre Bedürfnisse schon im Entwicklungsprozess berücksichtigt werden, soll die Akzeptanz unter allen von der Baukasteneinführung betroffenen Parteien gesichert werden. Einzubinden sind dabei nicht nur die Unternehmensfunktionen Forschung und Entwicklung, Produktion und Produktmanagement, sondern alle produktnahen Bereiche entlang der Auftragsabwicklung, sowie die unternehmensexternen Anspruchsgruppen Kunden und Lieferanten.

Im Zentrum der Top-down- wie auch der Bottom-up-Betrachtung stehen die Festlegung und Kommunikation der Ziele. Diese sind zentral für den Baukastenentwicklungsprozess und prägen die Ausgestaltung des Baukastens. Das Zielsystem bewegt sich im Spannungsfeld von Zeit, Kosten und Qualität. Um hier eine Priorisierung vornehmen zu können, müssen einerseits die externen Anforderungen berücksichtigt werden. Dabei sind insbesondere auch langfristige Trends und Entwicklungen miteinzubeziehen, da die Lebensdauer des Baukastens die der einzelnen Produkte übersteigt. Im Baukasten werden produktgenerationsübergreifende Standards festgelegt.

[42] Vgl. Schuh et al. (2017), Produktkomplexität managen, S. 44

Andererseits muss auch die Ist-Situation berücksichtigt werden, um Synergiepotenziale auszunutzen: Welche externen Anforderungen deckt das aktuelle Produktportfolio bereits gut ab? Wie will sich das Unternehmen langfristig positionieren und auf welchen Kompetenzen kann die Baukastenstrategie aufbauen? Gibt es bspw. einen dominanten Fertigungsprozess, dessen maßgeblicher Einfluss auf die Produktgestaltung bereits in Form von Standards umgesetzt wird?

Im Spannungsfeld unterschiedlicher Anforderungen und Anspruchsgruppen ergeben sich Zielkonflikte. Diese gilt es im Rahmen der Baukastenentwicklung zu identifizieren und im Einzelfall aufzulösen. Es ergeben sich Teilziele, die erstens vor dem Hintergrund der übergreifenden Unternehmensstrategie geprüft, zweitens transparent kommuniziert und drittens in den einzelnen Unternehmensfunktionen verankert werden müssen. Bereits an dieser Stelle müssen die Ziele quantifizierbar sein oder mit messbaren Zielgrößen verknüpft werden, um eine Überprüfbarkeit zu ermöglichen (siehe Kapitel 2.1.3).

Neben den Anpassungen von Prozessen und Strukturen ist auch ein Mentalitätswechsel für eine erfolgreiche Baukastenimplementierung notwendig. Auch und gerade weil ein Mentalitätswechsel nicht unmittelbar eintritt, ist dieser bereits in der Vorbereitung zu berücksichtigen. Zunächst gilt es, ein unternehmensweites Bewusstsein für die durch die Baukastenentwicklung adressierten Herausforderungen zu schaffen. Dazu muss die Ist-Situation transparent dargestellt und es müssen aus Gesamtunternehmenssicht die Soll-Situation sowie die damit einhergehenden Umsetzungsschritte abgeleitet werden. Neben der dadurch gewonnenen Transparenz ist die Sensibilisierung der Belegschaft für die Auswirkung der Maßnahmen und deren Wichtigkeit entscheidend für eine breite Akzeptanz. In der Kommunikation ist auf eine Visualisierung zu achten, die das Thema für die Mitarbeitenden anschaulich macht und die Relevanz für die Einzelnen herausstellt. Anreizsysteme und das Teilen von Success Stories aus Pilotprojekten inklusive deren Verbesserungspotenzialen und der Erkenntnisse aus diesen bewegen die Mitarbeitenden, sich mit dem Change Prozess zu identifizieren und diesen zu unterstützen.

Erfolgsfaktoren in der Vorbereitung

- Implementierung eines Top Management Commitments
- Einbindung von Anspruchsgruppen
- Klare Formulierung von Zielen
- Initiierung eines Mentalitätswandels

2.1.2 Erfolgsfaktoren für die Durchführung der Baukastengestaltung

Die Erfolgsfaktoren zur Durchführung der Baukastengestaltung beinhalten die aus der Praxis gewonnenen Kenntnisse zur erfolgreichen Einführung von Baukästen. Hierbei ist insbesondere die eindeutige Definition und Beschreibung von Modulen unter Berücksichtigung der Anforderungen hinsichtlich Stabilität und Flexibilität gemeint, die Schaffung von Kommunalitäten auf unterschiedlichen Ebenen, ein Auslaufmanagement zur Handhabung der Übergangsphase und die durchgängige Nutzung von Daten. Bei all diesen Aktivitäten ist eine interdisziplinäre Zusammenarbeit hinsichtlich der Entwicklungsdomäne sowie entlang der Wertschöpfungskette zu beachten, da die Baukastenentwicklung sämtliche Wertschöpfungsstufen des Unternehmens betrifft.
Im Rahmen der Moduldefinition gilt es, die Flexibilität der Module vorzudenken und in einem übergreifenden Flexibilitätskonzept zu verankern. Dieses umfasst Differenzierungs- und Standardisierungspläne so-

wie Gestaltungsregeln, die Produktbereiche ausweisen, in welchen bewusst Vielfalt zugelassen bzw. reduziert werden soll. Leitend ist dabei die Frage, ob eine Differenzierung kundenrelevant und wirtschaftlich ist. Grundsätzlich gilt also: So viel Differenzierung wie nötig, so viel Standardisierung wie möglich. Daher sind insbesondere die Module und Baugruppen zu standardisieren, bei denen Varianz zu besonders großen Aufwänden führt, diese aber nicht mit einer kundenrelevanten Differenzierung einhergeht. Können bestimmte Merkmale in großem Ausmaß standardisiert werden, etwa für eine Produktfamilie oder sogar für das gesamte Portfolio, werden diese Merkmale als konstituierende Merkmale bezeichnet und zur Strukturierung des Baukastens genutzt.[43]
Ein übergreifendes Bauraummanagement betreibt die geometrische Abgrenzung innerhalb der Produktstruktur und unterstützt eine funktionsorientierte Produktstruktur, also die eindeutige Zuordnung von Funktionen zu Modulen, um idealerweise funktional und physisch unabhängige Baugruppen realisieren zu können. Diese funktionale Kapselung erfordert standardisierte Modulschnittstellen.

Um externe Vielfalt bei gleichzeitiger interner Standardisierung zu ermöglichen, stellt die Erreichung von Kommunalitäten einen Erfolgsfaktor für die Baukastengestaltung dar. Dabei kann sich die Kommunalität auf Anforderungen, Funktionen, Technologien bzw. Konzepte oder auf die physische Ausführung von Komponenten, Baugruppen und Module beziehen. Auch die einheitliche Aufteilung von Bauräumen, wie im oben beschriebenen Bauraummanagement, stellt eine Form von Kommunalität dar. Für die Entwicklung von Windenergieanlagen können etwa

[43] Vgl. Breunig (2017), Produktarchitekturgestaltung mechatronischer Baukastensysteme, S. 44

Turmsegmente so gestaltet werden, dass unterschiedliche Befahranlagen eingebaut werden können. Hier kann eine einheitliche Aufhängung die resultierende interne Komplexität effektiv begrenzen. Analog erfordern unterschiedliche Windbedingungen unterschiedliche Triebstrangausführungen, die Gondeln teilen aber einen gemeinsamen Turmanschlussdurchmesser.

Oft werden im Baukastenentwicklungsprozess Produktvarianten des Ist-Portfolios identifiziert, die im zukünftigen Produktportfolio nicht länger enthalten sein sollen.[44] Daher ist ein Auslaufmanagement vorzusehen. Damit sollen Varianten, die nicht mehr angeboten werden, systematisch abgekündigt werden. Dieser Vorgang ist durch eine enge Kundenkommunikation zu begleiten. Außerdem gewinnt damit die Anforderung der Abwärtskompatibilität in der Baukastengestaltung an Bedeutung. Ist diese nicht gewährleistet, kann ein schnelles Auslaufen von Varianten nur schwer umgesetzt werden ohne die bestehende Kundschaft zu verärgern. Grundsätzlich folgt das Auslaufmanagement dem Motto von Ordnung und Sauberkeit, welches auch für das Änderungsmanagement gilt: Sondervarianten sind auf Einzelprojekte zu beschränken, auf ihre Wirtschaftlichkeit zu prüfen und außerhalb des Baukastens zu behandeln.

Für die Aufnahme des Ist-Zustands, aber auch im weiteren Verlauf der Baukastengestaltung müssen große Mengen an Daten verarbeitet werden. Effektivität und Effizienz der Datenerhebung, -aufbereitung und -auswertung stellen daher einen weiteren Erfolgsfaktor dar. Darüber hinaus kann durch eine weitergehende Auswertung und die Kombination von Daten eine übergreifende Analyse von produktinduzierter Komplexität sowie ein Controlling über die Baukastenimplementierung

---

[44] Vgl. Ortlieb (2017), Produktportfoliogerechte Baukastenstrukturierung, S. 165

hinaus unternehmensweit realisiert werden. Datenbasierte Analysen sind nicht auf den Kontext der Baukastenentwicklung beschränkt, liefern aber auch dort großen Mehrwert etwa hinsichtlich zu erstellender IT-Tools. Eine Verankerung des zu entwickelnden Baukastens in der unternehmenseigenen IT ist notwendig, um neue Standards nachhaltig zu verankern.

Erfolgsfaktoren in der Durchführung

- Eindeutige Definition und Beschreibung von Modulen
- Schaffung von Kommunalitäten auf unterschiedlichen Ebenen
- Einführung eines Auslaufmanagements
- Konsistente Nutzung von Daten

2.1.3 Erfolgsfaktoren für die Absicherung der Baukastengestaltung

Als Erfolgsfaktoren zur Absicherung der Baukastengestaltung ist das Controlling durch die Einführung definierter Kennzahlen sowie die organisatorische Verankerung im Sinne von einer angepassten Aufbau- und Ablauforganisation zu nennen. Hierdurch kann die Weiterentwicklung von Baukasteninhalten ermöglicht werden.

Für das Controlling des Baukastens sind bereits früh im Prozess der Baukastenentwicklung entsprechende Kennzahlen festzuhalten. Entsprechend der unternehmensspezifischen Zieldefinition können Kennzahlen aus den Dimensionen Markt, Produkt, Prozess und Finanzen ausgewählt werden. Das Controlling dient einerseits als Erfolgskontrolle für den mit der Baukastenentwicklung angestoßenen Transformationsprozess. Andererseits stellt es im laufenden Betrieb ein Frühwarnsystem zu Erkennung von Anpassungsbedarf dar. Zur Handhabung von

Anpassungsbedarfen ist eine Gleichbehandlung von Änderungs- und Neuerungsanfragen z.B. im Sinne eines Änderungsmanagements einzufügen. Eine Freigabe erfolgt je nach Auswirkungen auf die Standardmodule und Wertschöpfung. Diese Auswirkungen müssen in definierten Prozessen bewertet und den adressierten externen Anforderungen gegenübergestellt werden. Als kritisch bewertete Änderungen sind auf übergeordneter Ebene freizugeben.

Die Anpassung der Ablauf- und Aufbauorganisation steht im Zentrum der organisatorischen Verankerung. Ein Baukasten fördert die funktionsorientierte, integrierte Produktentwicklung über Abteilungsgrenzen hinweg. Um eine effiziente Kommunikation und Kollaboration sicherzustellen, müssen mögliche Schwierigkeiten in der abteilungsübergreifenden Zusammenarbeit antizipiert und ausgeräumt werden. Schwierigkeiten können sich z.B. aus Zielkonflikten zwischen Standardisierung und Individualisierung oder aus unterschiedlichen Kenntnisständen der Anspruchsgruppen ergeben. Dabei ist auch die Zusammenarbeit mit externen Partnern zu berücksichtigen. Anlagenbauer in der Windenergiebranche entwickeln in Netzwerken, dementsprechend wichtig ist die Abstimmung mit und die Integration von Zuliefernden. Neben den Workflows, welche für die abteilungsübergreifende Kommunikation bereits beschrieben wurden, umfasst dies z.B. auch Make-or-Buy-Entscheidungen hinsichtlich varianzsensitiver Komponenten.

Darüber hinaus muss die Baukastensicht auch in der Aufbauorganisation verankert werden. Dazu sind im Baukastenentwicklungsprozess zunächst relevante Sichten in Rollen zusammenzufassen und diese hinsichtlich ihrer Aufgaben und Ziele zu beschreiben. Eine ausreichende Distanz zu den jeweiligen Abteilungen ist wichtig, weil auch Entscheidungen zu Ungunsten einer bestimmten Abteilung gefällt werden müssen. Z.B. kann es aus Sicht der Produktion sinnvoll sein, Spezialwerkzeuge einzusetzen, um die Bearbeitungszeit eines Werkstücks zu reduzieren. Überwiegen jedoch die Aufwände für die Anschaffung des Spezialwerkzeugs sowie das Einrichten des Bearbeitungszentrums, so ist zugunsten des Gesamtverhältnisses von Kosten und Nutzen darauf zu verzichten.

Erfolgsfaktoren für die Absicherung

- Einführung eines Baukastencontrollings
- Organisatorische Verankerung einer angepassten Aufbau- und Ablauforganisation

2.1.4 Zwischenfazit

Zusammenfassend lässt sich festhalten, dass für eine erfolgreiche Implementierung eines Baukastens verschiedene Faktoren in der Vorbereitung, der Durchführung sowie für die Absicherung der Baukastengestaltung adressiert werden müssen. Im Hinblick auf Faktoren in der Vorbereitung der Baukastengestaltung sind vor allem das Top Management Commitment, die Einbindung Anspruchsgruppen, eine klare Zielformulierung sowie das Initiieren eines Mentalitätswandels ausschlaggebend für eine erfolgreiche Baukastengestaltung. Um eine Baukastengestaltung erfolgreich durchzuführen sind zunächst Module eindeutig zu definieren und zu beschreiben sowie Kommunalitäten auf verschiedenen Ebenen zu schaffen. Weiterhin bedarf es einem Auslaufmanagement zur Handhabung der Übergangsphase sowie einer durchgängigen Nutzung von Daten. In Bezug auf die Absicherung der Baukastengestaltung sind vor allem die Einführung eines Baukastencontrollings sowie die organisatorische Verankerung einer angepassten Aufbau- und Ablauforganisation als Erfolgsfaktoren zu nennen.

Erfolgsfaktoren der Baukastengestaltung

Erfolgsfaktoren in der Vorbereitung

- Implementierung eines Top Management Commitments
- Einbindung von Anspruchsgruppen
- Klare Formulierung von Zielen
- Initiierung eines Mentalitätswandels

Erfolgsfaktoren in der Durchführung

- Eindeutige Definition und Beschreibung von Modulen
- Schaffung von Kommunalitäten auf unterschiedlichen Ebenen
- Einführung eines Auslaufmanagements
- Konsistente Nutzung von Daten

Erfolgsfaktoren für die Absicherung

- Einführung eines Baukastencontrollings
- Organisatorische Verankerung einer angepassten Aufbau- und Ablauforganisation

2.2 Grobkonzept des Baukastenentwicklungsprozesses

Im Folgenden wird das Vorgehen zur Baukastengestaltung strukturiert, bevor es im nachfolgenden Kapitel detailliert dargestellt wird. Die Baukastenentwicklung wird hierbei in drei Phasen unterteilt. Zunächst erfolgt die Analyse der Anforderungen, danach die eigentliche Konzeptionierung und Gestaltung des Baukastens, bevor dann dessen Verankerung vorgenommen wird.

2.2.1 Vorgehen zur Analyse von Anforderungen des Baukastens

Das Vorgehen zur Analyse von Anforderungen im Rahmen Baukastengestaltung dient der Aufnahme externer Anforderungen sowie interner Anforderungen.
Ziel der Marktanalyse ist die Identifikation relevanter externer Anforderungen, welche sich aus Kundenanforderungen und weiteren Rahmenbedingungen zusammensetzen. Dabei gilt es im ersten Schritt, den Betrachtungsbereich für die Baukastenentwicklung festzulegen. Der Betrachtungsbereich hängt dabei maßgeblich von der verfolgten Zielstellung ab und umfasst in der Regel bestimmte Plattformen, Produktlinien, Baugrößen oder Technologien. Diese korrespondieren häufig mit unterschiedlichen Kundengruppen oder Einsatzzwecken. Daher erfolgt im zweiten Schritt eine Klassifikation von Märkten und Kunden, um diejenigen Merkmale zu ermitteln, die das Produkt aus Kundensicht differenzieren. Anhand dieser kundenrelevanten Merkmale können Kundengruppen und Teilmärkte mit homogenen Anforderungsprofilen abgeleitet und zu Marktsegmenten zusammengefasst werden. Von besonderem Interesse sind die variantentreibenden Anforderungen, diese können beispielsweise die wirtschaftlichen Anforderungen der Kunden, ästhetische Designanforderungen und externe politische Faktoren sein. Zur systematischen Analyse der bestehenden Ist-Vielfalt sowie der Zusammenhänge zwischen verschiedenen Kundenmerkmalen bietet sich die Visualisierung mittels eines Merkmalbaums an.
Eine Auftragsanalyse inklusive Profitabilitätsbetrachtung gibt Aufschluss über die aktuelle Position des Unternehmens am Markt. Zusätzlich können White Spots, also Marktsegmente in welchen bisher keine Angebote abgegeben oder gewonnen worden sind, durch eine Betrachtung verlorener Projekte identifiziert werden. Für die Entwicklung des

Produktbaukastens ist dabei insbesondere das anzubietende zukünftige Portfolio relevant, daher sind in diesem Schritt etwa Portfolioerweiterungen zur Abdeckung der aktuellen White Spots, aber auch Optimierungen hinsichtlich der Überschneidungsbereiche aktueller Varianten zu erwägen.

Analog zur Analyse der externen Anforderungen werden die internen Anforderungen aus Produktsicht ermittelt. Diese ergeben sich im Wesentlichen aus dem bestehenden Produktportfolio, welches häufig eine Basis für die Entwicklung des Baukastens bildet. Hierbei wird von einem Brownfield-Ansatz gesprochen. Im Gegensatz dazu beschreibt der Greenfield-Ansatz eine Neuentwicklung des Baukastens ohne die Berücksichtigung früherer Produktgenerationen. Durch eine Analyse der Stücklisten unterschiedlicher Produktvarianten kann die interne Vielfalt von Komponenten, Baugruppen und Modulen identifiziert und abgebildet werden. Diese unterscheidet sich von der externen, am Markt wahrgenommenen Vielfalt. Auch hier können die jeweiligen Variantentreiber identifiziert werden, etwa bestimmte Leistungsmerkmale, technische Spezifikationen oder auch externe Anforderungen, zu denen beispielsweise Designanforderungen, wie Form und Farbe der Anlage gehören. Mittels Gegenüberstellung werden bestehende Ähnlichkeiten zwischen den Produktvarianten auf Modul-, Baugruppen- und. Komponentenebene dargestellt. Die vorliegenden Potenziale zur Komplexitätsreduktionen werden so transparent gemacht und es können Stoßrichtungen zur Vereinheitlichung der Strukturen abgeleitet werden. Diese Stoßrichtungen können auch in der technischen Realisierung des Produktbaukastens weiterverfolgt werden. Auch künftige Entwicklungen sollen im Baukasten antizipiert werden, etwa die Nutzung neuer Technologien, sodass nicht nur der Ist-Zustand, sondern auch die strategischen Ziele des Portfolios berücksichtigt werden.

Basierend auf der Produktanalyse können auch die Produktions- sowie Transport- und Installationsprozesse des Produkts analysiert werden, um interne Anforderungen aus Prozesssicht zu identifizieren. Dabei kann die Montagereihenfolge mithilfe eines Variantenbaums dargestellt werden, welcher die Variantenentstehung transparent macht. Durch eine Umgestaltung der Produktionsprozesse können dann beispielsweise die Prozessabfolgen vereinfacht und vereinheitlicht werden. Für die Auslegung der zukünftigen Prozesse sind aber auch Produktionskapazitäten, wirtschaftliche Erwägungen und Anforderungen, die sich aus dem zukünftigen Produktportfolio ergeben, relevant. Weitere Prozessanforderungen können sich auch aus den Serviceprozessen ergeben.

Die ermittelten Anforderungen aus Markt-, Produkt- und Prozesssicht ergeben ein umfassendes Bild über die externen und internen Anforderungen an den Baukasten und werden in einem Lastenheft konsolidiert. Dieses dient als Grundlage für die im nächsten Schritt erfolgende Baukastengestaltung.

2.2.2 Vorgehen zur Gestaltung des Baukastens

Das Vorgehen zur Gestaltung des Baukastens erfolgt in drei Schritten. Zunächst werden durch die Baukastenstrukturierung Rahmenbedingungen festgelegt, innerhalb derer die Baukasteninhalte entwickelt werden. Basierend auf der Analyse der internen und externen Anforderungen an den Baukasten, wird dieser schrittweise vom Konzept bis zur Festlegung der Schnittstellen zwischen den Modulen konkretisiert.

Mit der Moduldetaillierung erfolgt die weitergehende Definition der Elemente des Baukastens basierend auf dessen vorangegangener Strukturierung. Alle Kombinationsver- und -gebote von Modulen bilden die Konfigurationslogik des Baukastens.

Für die Entwicklung des Baukastens gilt es zunächst eine generische Produktstruktur zu erarbeiten. Diese repräsentiert die allgemeingültige Zusammensetzung des Produkts und ermöglicht eine einheitliche Strukturierung der Produkte des Produktportfolios.
Auf Basis des so strukturierten Produktes können Bauraumkonzepte definiert werden. Jedes Bauraumkonzept repräsentiert eine Möglichkeit der technischen Ausgestaltung der Anlage. Diese Konzepte werden technisch und wirtschaftlich bewertet. Dabei werden die zu erwartenden Kosten- und Nutzenpotenziale vor dem Hintergrund der externen und internen Rahmenbedingungen einander gegenübergestellt. Das branchen- und unternehmensspezifisch als am effektivsten ermittelte Bauraumkonzept wird dementsprechend ausgewählt.
Im nächsten Schritt werden die Schnittstellen zwischen den Modulen festgelegt. Einheitliche Schnittstellen ermöglichen weitreichende Kompatibilität und Flexibilität von Komponenten, Baugruppen und Modulen. Bei der Definition der Schnittstellen sind insbesondere die Abhängigkeiten der Module untereinander zu berücksichtigen.
Anschließend sind die konstituierenden Merkmale des Baukastens abzuleiten. Dazu werden die Module hinsichtlich des mit Moduländerungen verbundenen Aufwands bewertet. Module, die wegen der zu erwartenden hohen Aufwände nicht verändert werden sollen, werden gezielt standardisiert. Damit ergeben sich konstituierende Merkmale als strukturierende Elemente des Baukastens.
Zur Moduldetaillierung wird zunächst eine Kommunalitätsmatrix aufgebaut. Mithilfe dieser kann die baureihenübergreifende Verwendung von Baugruppen geplant und visualisiert werden. Dazu werden die Variantentreiber einer Baugruppe ermittelt und anhand dieser die notwendige

Vielfalt der Baugruppe abgeleitet. Basierend auf der Kommunalitätsmatrix können Standards auf Bauteilebene definiert und Modulvarianten festgelegt werden.
Die gewonnenen Ergebnisse hinsichtlich der Modulumfänge werden in Form von Modulsteckbriefen dokumentiert. Diese stellen eine systematische Beschreibung der Modulumfänge dar und beinhalten neben geometrischen Festlegungen auch funktionale Spezifikationen etc. Die Modulsteckbriefe schaffen Transparenz für die Entwicklung, Pflege und Überarbeitung von Modulen. Die Modulsteckbriefe, aber auch alle weiteren Arbeitsergebnisse der Baukastenstrukturierung und -entwicklung sind Teil des Baukastenpflichtenhefts.
Das Baukastenpflichtenheft bildet auch die Konfigurationslogik des Baukastens ab. Diese definiert den im Baukasten tatsächlich realisierten Konfigurationsraum in Abgrenzung zum theoretisch möglichen Konfigurationsraum. Dazu werden Kombinationsge- und -verbote zur Einschränkung des Konfigurationsraums eingeführt, die auf marktseitigen, technischen oder montageseitigen Erwägungen beruhen.
Die so eingeführten Ge- und Verbote für die Kombination von Modulen, Baugruppen und Komponenten können IT-seitig in einem Konfigurator abgebildet werden. Dieser erlaubt die schrittweise Konfiguration von Modulen zum fertigen Produkt. Unzulässige Kombinationen können nicht ausgewählt werden. Damit unterstützen Konfiguratoren die Einführung und Einhaltung der Konfigurationsregeln.
Im Weiteren gilt es die Einführung des Baukastens und die damit verbundenen Veränderungsprozesse methodisch zu unterstützen.

2.2.3 Vorgehen zur Verankerung des Baukastens

Die nachhaltige Verankerung des Baukastens erfordert, dass eine Bewertung des Ausbrechens aus diesem ermöglicht wird, um Änderungen

zu vermeiden. Ebenso sind Anpassung an Aufbau- und Ablauforganisation notwendig. Die Veränderungen sind dabei durch ein systematisches Change-Management zu unterstützen.
Ziel der Ermittlung von Komplexitätskosten ist es, indirekte Kosten von Veränderungen am bestehenden Baukasten transparent zu machen. Dies soll beispielsweise den Vertrieb dabei unterstützen, die Kosten für Sonderanpassungen ganzheitlich bewerten zu können. Ebenso unterstützen Komplexitätskosten bei Standardisierungsentscheidungen, da sie eine Abwägung zwischen Standardisierung und Individualisierung bewertbar machen. Dazu werden Referenzfälle hinsichtlich der komplexitätsbedingt angefallenen Aufwände analysiert.
Außerdem müssen weitere Prozesse, wie beispielsweise der Änderungsprozess angepasst werden. Dieser wird von einer asynchronen Einzelproduktentwicklung auf eine synchronisierte Baukastenentwicklung umgestellt und bedarf einem hohen Maß an Koordination, um die geplanten Releases in den Markt einzubringen. Um geeignete aufbauorganisatorische Anpassungen vorzunehmen, werden Rollenprofile definiert, die Verantwortlichkeiten festlegen und Gremien zur Auflösung von Zielkonflikten vorsehen. Abbildung 2-1 verdeutlicht die Notwendigkeit der aufbauorganisatorischen Verankerung angesichts des Zielkonflikts von Differenzierung und Standardisierung zwischen Produktlinien- und Baukastensicht. Im Einzelnen werden dazu Rollen mit Baukasten-, Produkt- und Modulverantwortung beschrieben.

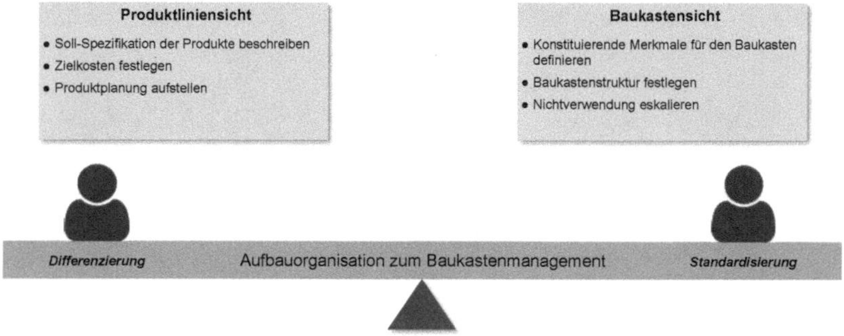

Abbildung 2-1: Aufbauorganisation zum Baukastenmanagement[45]

Den finalen Aspekt des Vorgehens zur Verankerung des Baukastens bildet das Change-Management. Ziel des Change-Managements ist die erfolgreiche Umsetzung von Veränderungen im Unternehmen. Die Einführung eines Baukastens stellt dabei eine bedeutende Änderung dar. Die mit dieser Änderung verfolgte Vision muss allen Mitarbeitenden kommuniziert werden. Hierzu muss eine geeignete Kommunikationsstrategie entwickelt werden, damit alle Zielgruppen rechtzeitig, in angemessener Weise und adäquatem Ausmaß bezüglich dieser Veränderung informiert werden. Branchen- und unternehmensspezifische Rahmenbedingungen beeinflussen die Wahl der Kommunikationskanäle und -medien. Mit erfolgreichen Beispielen aus Pilotprojekten werden die Vorteile des Baukastens beworben und dessen Nutzen wird anschaulich gemacht. Dies schafft Akzeptanz für die Änderungen und motiviert die Mitarbeitenden, sich am Veränderungsprozess zu beteiligen.

[45] Eigene Darstellung, WZL

3 Detaillierung des Baukastenentwicklungsprozesses

Nachdem in Kapitel 2 die Erfolgsfaktoren zur Gestaltung von Baukästen definiert wurden und das Grobkonzept für deren Gestaltung vorgestellt wurde, erfolgt in Kapitel 3 die Detaillierung des Baukastenentwicklungsprozesses. Hierzu werden die methodischen Schritte, welche für die Analyse, Gestaltung und Verankerung des Baukastens notwendig sind, vorgestellt.

3.1 Baukastenlastenheft

Die Analyse der Anforderungen zur Baukastengestaltung kann in drei Schritte unterteilt werden. In einem ersten Schritt werden die externen Anforderungen an den Baukasten aufgenommen. Für die Windenergiebranche sind hierbei insbesondere die Windbedingungen, länderspezifische Anforderungen der Netzbetreiber und des Staates sowie die Kundenanforderungen der Partner zur Realisierung der Windparks relevant. Des Weiteren werden interne Anforderungen wie Produkt- und Prozessanforderungen betrachtet. Hierbei müssen neben den bestehenden Produkten im Portfolio maßgeblich der Produktionsprozess der Komponenten einer Anlage, sowie Transport- und Installationsprozesse der Anlagen berücksichtigt werden. Abschließend werden die Anforderungen in Form eines Baukastenlastenhefts konsolidiert.

3.1.1 Analyse der externen Anforderungen an den Baukasten

Die Analyse der externen Anforderungen umfasst die Marktsegmentierung, die Marktanalyse und die kundenseitige Beschreibung der Anlagen auf Basis von Merkmalen und Ausprägungen. Für die Marktsegmentierung müssen zu Beginn geeignete Segmentierungskriterien identifiziert werden. Auf Basis dieser Kriterien kann der Markt in unterschiedliche Segmente unterteilt werden, innerhalb welcher wiederum spezifische, den Anforderungen entsprechende Produkte angeboten werden. Für Windenergieanlagen existieren beispielsweise sogenannte Windklassen, welche in der IEC 61400 festgeschrieben sind und in Deutschland maßgeblich in die DIN EN 61400 übersetzt wurden. Windklassen orientieren sich dabei maßgeblich an der Referenzgeschwindigkeit und der Turbulenzintensität an einem konkreten Standort. Es existieren insgesamt drei vordefinierte Windklassen sowie die Möglichkeit, standortspezifische Sonderklassen zu bilden.[46] Weiterhin existieren Ausnahmen für kleine Windenergieanlagen (< 200 m² Rotorfläche und Wechselspannung < 100 V bzw. Gleichspannung < 1.500 V).[47] Weitere Ausnahmen bestehen für Offshore Windenergieanlagen. Für die Gestaltung eines Baukastens ist es sinnvoll, bei der Marktsegmentierung weitere Parameter neben den Windklassen in Betracht zu ziehen. Als Beispiel können hier charakteristische Windkennzahlen genutzt werden, wie der dynamische Druck, der Weibullparameter k, die spezifische Windleistung oder die äquivalenten Windgeschwindigkeiten. Auf Basis von charakteristischen Windkennzahlen, gepaart mit Netzanforderungen und klimatischen Rahmenbedingungen können somit Windkarten erstellt werden, aus denen sich die Marktsegmente ableiten lassen.

Zur Erstellung von Windkarten wird eine Clusteranalyse genutzt. Diese fasst möglichst homogene Anforderungen in Bezug auf die zuvor definierten Kriterien in einem Cluster zusammen und bildet neue Cluster bei heterogenen Anforderungen. Ein Cluster kann aufgrund der ähnlichen

---

[46] IEC 61400. (2019) International Electrotechnical Commission 2019

[47] IEC 61400. (2013) Wind turbines - Part 2: Small

Anforderungen durch technisch ähnliche Windenergieanlagen bedient werden (siehe Abbildung 3-1).

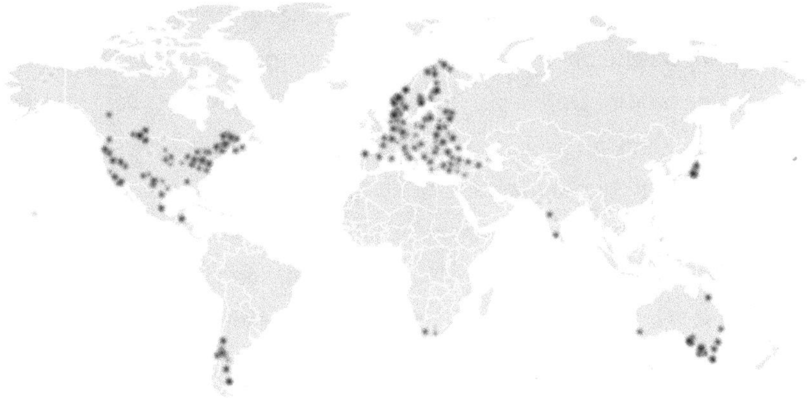

		n	Equ. Wind Speed		Dynamic Pressure		Avg. CTI @ 15m/s		Description
			Ø	σ	Ø	σ	Ø	σ	Aver. Wind / Extr. Wind / TI
	Cluster 1	265	7,3	0,22	630,9	189,0	18,0	2,37	L- / L- / H (~4A)
	Cluster 2	309	8,6	0,29	885,7	137,7	15,9	2,10	M / M / L (~2B)
	Cluster 3	285	8,3	0,27	595,2	118,8	18,5	2,16	M / L / H (~3A)
	Cluster 4	128	9,6	0,23	1041,1	181,2	18,8	2,93	H / M / H (~2A)
	Cluster 5	78	10,8	0,28	1158,1	226,6	14,7	2,03	H+ / H / L (~1B)
									L- = very low, L = low, M = medium, H = high, H+ = very high

Abbildung 3-1: Darstellung der Windcluster[48]

Durch die Verknüpfung der Windcluster mit den technischen Spezifikationen einer Anlage ergeben sich somit Kundengruppen in Form der Cluster abseits der klassischen Aufteilung der Märkte nach Regionen oder Ländern. Dies ist insbesondere deswegen sinnvoll, da die Bedingungen eines Landes teilweise stark unterschiedlich im Hinblick auf Klima, Windcharakteristika oder Netzanforderungen sind. Hierzu können in der Regel die in den Unternehmen vorliegenden Datenbanken miteinander verknüpft werden. Typischerweise gehören hierzu Datenbanken mit Winddaten, Netzanschlussbedingungen, einem Customer Relationship Management System und einem Enterprise Ressource Program.

[48] Eigene Darstellung, WZL

Die auf Basis von Wind-, Klima- und Netzanschlussdaten gebildeten Marktsegmente müssen im nächsten Schritt mit den anzubietenden Produkten des Unternehmens zusammengebracht werden. Es gilt zu prüfen, welche der Produkte die Anforderungen eines Marktsegmentes erfüllen würde. Durch die Zuordnung der Produkte zu den Marktsegmenten kann in Kombination mit einer Profitabilitätsanalyse vergangener Projekte die Attraktivität eines Marktsegments unter Berücksichtigung des aktuellen Portfolios bestimmt werden. Ebenso lassen sich Entwicklungspotenziale bei Marktsegmenten identifizieren oder es kann eine strategische Aufgabe eines Marktsegmentes erfolgen, um das Produktportfolio zu fokussieren. Neben der Auswahl der zukünftig zu adressierenden Marktsegmente kann die Profitabilität in bestimmten Märkten auch erste Hinweise in Bezug auf die zukünftige Auslegung von Baukastenvarianten liefern. So kann beispielsweise eine schlechte Profitabilität in Schwachwind-Märkten darauf hindeuten, dass Anlagen in diesem Segment zu robust ausgelegt wurden, da diese aus Varianten von einer Anlage für höhere Winde abgeleitet wurden. In einem solchen Fall kann im Rahmen der Baukastengestaltung geprüft werden, ob es sinnvoll sein kann, spezifische Modulvarianten für dieses Marktsegment zu entwickeln, um Lead- oder Eckvarianten zu definieren. Leadvarianten sind Varianten, die eine möglichst große Schnittmenge zu allen weiteren Produkten innerhalb eines Marktsegmentes aufweisen. Diese werden im Rahmen der Baukastengestaltung vollständig entwickelt. Im Gegensatz zu den Leadvarianten liegen die Eckvarianten[49] am Rand eines Marktsegments. Eckvarianten begrenzen somit das innerhalb eines Marktsegments angebotene Produktspektrum.

[49] Vgl. Ortlieb (2017), Produktportfoliogerechte Baukastenstrukturierung, S. 166

Neben der Profitabilitätsanalyse, welche vor allem die abgesetzten Anlagen berücksichtig, fokussiert die „Won-/Lost-Analyse", welche Projekte gewonnen und welche verloren wurden. Hieraus lassen sich ebenfalls Optimierungspotenziale für die Baukastengestaltung ableiten. Auch kann in diesem Kontext analysiert werden, ob Projekte aufgrund von Einschränkungen im Portfolio nicht angeboten werden konnten. Diese „White Spots" stellen einen potenziellen Markt dar, welcher heute noch nicht durch das Portfolio abgedeckt ist, aber durch den Baukasten möglicherweise kostengünstig erschlossen werden kann.

Alle potenziellen Marktsegmente müssen im nächsten Schritt in Bezug auf die zukünftige Attraktivität bewertet werden. Entsprechende Marktdaten können von Verbänden oder Marktforschungsinstituten bezogen werden. Durch die Verknüpfung der Marktsegmente, der Marktdaten und des aktuellen Produktportfolios werden die zukünftig relevanten Marktsegmente abgeleitet. In Abbildung 3-2 wurde eine entsprechende Segmentierung nach Windclustern und Netzanforderungen vorgenommen.

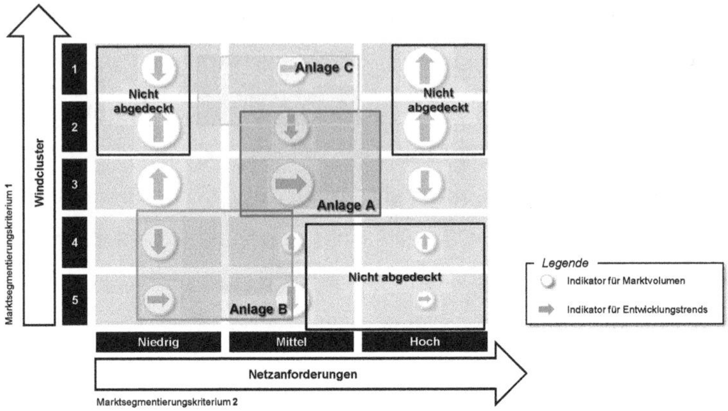

Abbildung 3-2: Darstellung von Marktsegmenten, Trends und der aktuellen Marktabdeckung[50]

Zusätzlich zu den Marktsegmenten ist deren Volumen, ihre prognostizierte Entwicklung sowie die Abdeckung bzw. fehlende Abdeckung durch die Anlagen des Beispielunternehmens dargestellt.
Nachdem die relevanten Marktsegmente bestimmt wurden, wird der Betrachtungsbereich des Baukastens eingegrenzt. Bei der Auswahl des Betrachtungsbereichs ist auf die Homogenität der technischen Anforderungen zu achten. Diese erfolgt durch die Identifikation von Funktionsclustern oder auf Basis bestehender Produktlinien und Leistungsstufen der Anlagen. In der Windenergiebranche hat sich dabei insbesondere die Unterscheidung von On- und Offshore Windenergieanlagen durchgesetzt (siehe Abbildung 3-3).

[50] Vgl. Schuh et al. (2021), Sustainable Innovation, S. 60

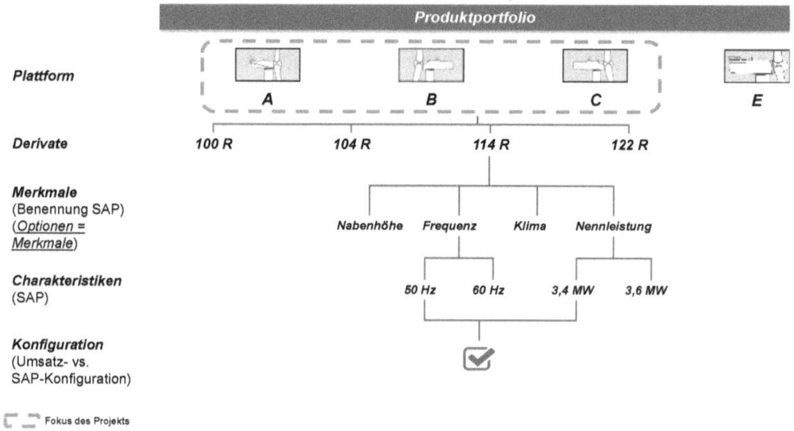

Abbildung 3-3: Initiale Eingrenzung des Betrachtungsbereichs zur Baukastenentwicklung[51]

Die Anforderungen dieser Anlagen im Hinblick auf die Leistung, die einzusetzenden Rotordurchmesser und den Aufbau von Türmen spielen bei der Unterscheidung von On- und Offshore Analgen eine wesentliche Rolle. Weiterhin sind auch die Transport- und Installationsprozesse stark unterschiedlich, sodass eine gemeinsame Betrachtung der Anlagen in einem Baukasten nicht sinnvoll ist. Auf die internen Anforderungen bezüglich der Produktions-, Transport- und Installationsprozesse wird in Kapitel 3.1.2 separat eingegangen. Weitere Einschränkungen des Betrachtungsbereichs können sinnvoll sein, beispielsweise aufgrund starker politischer Einflussnahme (z.B. Local Sourcing Anforderungen) und müssen basierend auf Experteneinschätzungen erfolgen. Dabei müssen unternehmensspezifische Rahmenbedingungen sowie Erfahrungen aus bestehenden Baukästen berücksichtigt werden. Im Zuge der Baukastenentwicklung gilt es, den ausgewählten Betrachtungsbereich fortlaufend zu überprüfen. So lassen sich Anforderungen

[51] Eigene Darstellung, WZL

anderer Betrachtungsbereiche dahingehend berücksichtigen, dass zumindest eine Wiederverwendung einiger Module übergreifend erfolgen kann.
Weiterhin können sich nach der erfolgreichen Umsetzung des Baukastens weitere Standardisierungspotenziale in den nicht betrachteten Bereichen ergeben und im Nachgang gehoben werden. Eine initiale Auswahl eines zu großen Betrachtungsbereichs wiederum steigert die Komplexität des Baukastenentwicklungsprozesses und sollte vermieden werden.
Nachdem der Betrachtungsbereich des Baukastens festgelegt wurde, erfolgt eine Beschreibung der unterschiedlichen Anlagenvarianten auf Basis von kundenrelevanten Merkmalen und deren Ausprägungen. Kundenrelevante Merkmale beschreiben dabei die Anlagen aus Kundensicht. Die Ausprägungen wiederum zeigen die Differenzierung, welche die Kunden hinsichtlich dieser Merkmale vornehmen. Die Merkmale und Ausprägungen werden in Zusammenarbeit mit dem Vertrieb, Produktmanagement, der Entwicklung und potenziellen Leadkunden erarbeitet. Als kundenrelevante Merkmale in der Windenergiebrache können dabei insbesondere die Leistung, der Rotordurchmesser und die Nabenhöhe der Anlage genannt werden. Weitere sinnvolle Merkmale sind dabei in Workshops mit den genannten Abteilungen unternehmensspezifisch zu erarbeiten und mit in die Beschreibungslogik aufzunehmen. Exemplarisch können die Frequenz, Cold Climate-Optionen, Sand and Dust-Optionen oder Ähnliches genannt werden. Zur Unterstützung der Darstellung von unterschiedlichen Produktvarianten kann mit einem Merkmalbaum gearbeitet werden (siehe Abbildung 3-4; links).

WEC-Typ	Frequenz [Hz]	Nabenhöhe [m]	WEC-Typ-Bezeichnung	2015	2016	2017	2018	2019	2020	2021	2022	2023	Ges.:
A	50	59	A 50Hz 59m	19	33	36	6	10	8	0	3		*115*
		80	A 50Hz 80m	6	2	10	14	6	13	4	7	2	*64*
		100	A 50Hz 100m										*0*
		69	A 50Hz 69m	53	5			2					*60*
		85	A 50Hz 85m	8	19								*27*
	60	80	A 60Hz 80m	13									*13*
		69	A 60Hz 69m										*0*
B	50	80	B 50Hz 80m	111	102	72	19	13	7	6	9	6	*345*
		100	B 50Hz 100m	65	55	27	54	15	9	14	7	5	*251*
		64	B 50Hz 64m	4	35	20	16	21	15				*111*
		68,5	B 50Hz 68,5m	19	16	18		14	14	7	9		*97*
		69	B 50Hz 69m			27	9						*36*
		74,5	B 50Hz 74,5m			3	9						*12*
		76,5	B 50Hz 76,5m	4									*4*
		78	B 50Hz 78m			2	6						*8*
		78,5	B 50Hz 78,5m		21	1							*22*
		88,5	B 50Hz 88,5m	16		1	9						*26*
		93,5	B 50Hz 93,5m			3							*3*
		93,7	B 50Hz 93,7m			3							*3*
		93,75	B 50Hz 93,75m										*0*
		98,5	B 50Hz 98,5m			13	7						*20*
	60	80	B 60Hz 80m	109									*109*
		100	B 60Hz 100m		29	8	7						*44*
		68,5	B 60Hz 68,5m										*0*
C	50	80	C 50Hz 80m	4	35	18	4	2	2				*65*
		100	C 50Hz 100m	99	48	36	55	16	2	11	4	3	*274*
		75	C 50Hz 75m			7	3	22					*32*
		76,5	C 50Hz 76,5m	6	12								*18*
		98	C 50Hz 98m			2	10	9	6	4			*31*
		98,5	C 50Hz 98,5m			39	4						*43*
	60	80	C 60Hz 80m										*0*
		100	C 60Hz 100m										*0*

Abbildung 3-4: Darstellung eines aktuellen Produktportfolios mit hinterlegten Stückzahlen[52]

Jeder Ast des Merkmalbaums stellt eine Produktvariante als Kombination von Merkmalsausprägungen dar. Die Merkmale sollten bei der Erstellung des Merkmalbaums so angeordnet sein, dass zunächst die für den Kunden wichtigsten Merkmale aufgeführt werden, da diese die Produktvarianten aus Kundensicht entsprechend differenzieren. Die finale Typbezeichnung ist dann in der letzten Spalte des Baumes dargestellt. Mithilfe der Absatzzahlen aus der Vergangenheit kann der Absatz einzelner Varianten bestimmt werden. Durch Extrapolation der Absatzzahlen unter Zuhilfenahme von Experteneinschätzungen und Markttrends können Annahmen für die Zukunft getroffen werden (siehe Abbildung 3-4; rechts). Ein Merkmalbaum schafft somit Transparenz und ermöglicht die Ableitung von Entwicklungstrends, indem die Veränderung der

---

[52] Eigene Darstellung, WZL

Absatzzahlen eines jeden Astes untersucht wird. Basierend auf den Annahmen sollten nicht erfolgreiche bzw. nicht vielversprechende Varianten konsolidiert und das Produktportfolio gestrafft werden.

Neben der Einschränkung des Produktportfolios auf Basis von nicht erfolgreichen Produkten erfolgt die nächste Einschränkung durch einen Vergleich der existierenden Varianten. Hierbei müssen insbesondere die Varianten, welche das gleiche Marktsegment adressieren und in ihren Ausprägungen ähnlich sind, betrachtet werden. Häufig sind diese ein Ergebnis historisch gewachsener Produktportfolios aufgrund von kleineren Produktänderungen und bieten keinen großen Mehrwert zur Produktdifferenzierung. Als Basis für die Auswahl werden Workshops mit dem Produktmanagement durchgeführt, und es werden die Verkaufszahlen sowie die Rentabilität der Produktvarianten geprüft. Zusammenfassend gilt es nach dem Abschluss dieser Phase, ein abgrenzbares Produktportfolio zu schaffen.

Als Ergebnis ist das Soll-Produktportfolio festgelegt, welches durch den Baukasten abgedeckt werden soll. Dieses bildet die Basis für die Baukastenstruktur sowie die zu entwickelnden Module und die Konfigurationslogik. Zusätzlich zu den externen Merkmalen müssen in einem nächsten Schritt die internen Anforderungen analysiert werden.

Ziel	Festlegung der Markt- und Kundenanforderungen für den Baukasten	
Input	**Vorgehensweise**	**Output**
➢ Bestehendes Produktportfolio ➢ Produkttechnologie ➢ Marktstrategie ➢ Expertenwissen ➢ Vertriebsdaten ➢ Kundenbefragung ➢ Marktdaten ➢ Technische Grenzen	➢ Festlegung der Produkte durch Technologie-, Bauform- und Baugrößenunterschiede ➢ Festlegung des Betrachtungshorizonts ➢ Identifikation und Detaillierung der wichtigsten Kundenanforderungen ➢ Clustern der Kundenanforderungen ➢ Segmentieren der Märkte ➢ Identifikation von Markttrends und -potenzialen je Marktsegment ➢ Festlegung von Konfigurationsgrenzen für die Marktsegmente	➢ Identifikation der wichtigsten Kundenanforderungen ➢ Marktsegmente ➢ Marktsegmentattraktivität ➢ Notwendiger Konfigurationsraum ➢ Prognostizierte Absatzzahlen
Methoden	Wettbewerbsanalyse, Stückzahlexploration, Merkmalbaum, Trendanalyse, Brainstorming	

Abbildung 3-5: Analyse der externen Anforderungen auf einen Blick[53]

3.1.2 Analyse der internen Anforderungen an den Baukasten

Die Analyse der internen Baukastenanforderungen umfasst sowohl die Betrachtung der Produkte als auch der Prozesse. Das Ziel der Produktanalyse ist es, Transparenz über die bestehende Vielfalt in Bezug auf die Module, Baugruppen und Komponenten zu schaffen. Ebenso wird ermittelt, worin die Vielfalt begründet ist. Diese sogenannten Variantentreiber können sowohl durch den Kunden aufgrund von spezifischen Anforderungen entstehen als auch durch interne Anforderungen, beispielsweise aus der Produktion. Während externe Variantentreiber bereits im Rahmen der Analyse der externen Anforderungen erarbeitet wurden, liegt der Fokus nun auf den internen Variantentreibern. Durch den Vergleich von Modulen, Baugruppen oder Komponenten, die eine unterschiedliche Materialnummer haben, aber ähnliche technische Anforderungen erfüllen, lassen sich die internen Variantentreiber ermitteln, welche maßgeblich aufgrund einer Projektfokussierung sowie der his-

[53] Eigene Darstellung, WZL

torisch gewachsenen Produktvielfalt entstanden sind. Diese Variantentreiber liefern häufig keinen Mehrwert für den Kunden und sollten im Rahmen der Baukastengestaltung reduziert werden.

Für die Analyse werden Maximalstücklisten einer Plattform oder Baureihe sowie die Stücklisten einzelner Aufträge ausgewertet. Eine Auswertung kann dabei über die Anzahl der Elemente, die Überschneidung einzelner Produkte (z.B. mittels Jacard-Koeffizienz oder Simple-Matching-Verfahren) und der Häufigkeit der Wiederverwendung von Teilen erfolgen. Eine starke Zunahme der Teilevielfalt kann bei vielen Unternehmen vor allem für die letzten Jahre identifiziert werden (siehe Abbildung 3-6).

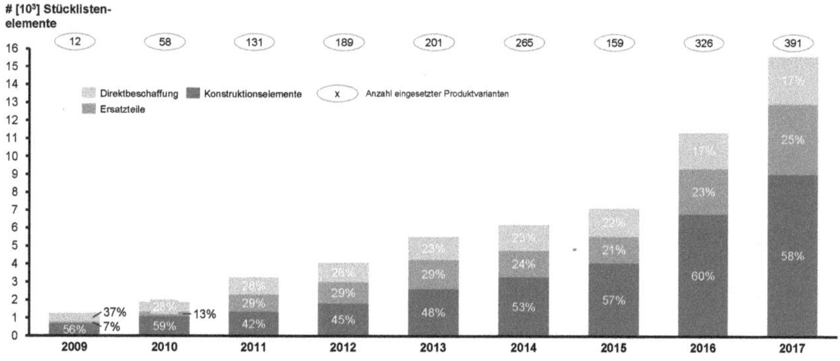

Abbildung 3-6: Darstellung der wachsenden Teilevielfalt und Produktvarianz[54]

Dies liegt vor allem an der Bedienung neuer Märkte sowie den damit einhergehenden Anforderungen bezüglich des Local Sourcings und der gesetzlichen Rahmenbedingungen. Die Zunahme an zu verwaltenden Materialnummern sorgt dabei für einen erhöhten internen Pflegeaufwand der Stammdaten. Durch nicht gepflegte Stammdaten wiederum ist es für die Unternehmen schwierig, die interne Vielfalt transparent zu

[54] Eigene Darstellung, WZL

machen und auch das „Wiederfinden" von bereits existierenden Bauteilvarianten wird erschwert. Daher empfiehlt es sich, die Analyse der internen Vielfalt mit den Mitarbeitenden aus Entwicklung und Produktion durchzuführen. Mithilfe dieser Expertise kann zwischen den tatsächlichen differenzierbaren Varianten und den im System vorhandenen Varianten unterschieden werden, da im Zuge von Projektbearbeitungen häufig Materialnummern kopiert werden. Somit entstehen neue Materialnummern im System, welche sich jedoch technisch nicht von bereits vorhandenen Materialnummern unterscheiden. Im Rahmen der Analyse können durch Mitarbeitende aus Entwicklung und Produktion ebenfalls erste Zielgrößen für die zukünftige Vielfalt der Module, Baugruppen und Komponenten erarbeitet werden. Durch die ganzheitliche Betrachtung des durch den Baukasten zu bedienenden Portfolios ist es den erfahrenen Mitarbeitenden häufig möglich abzuschätzen, welche Vielfalt mindestens notwendig ist. Die genaue Festlegung der Vielfalt kann dann im Rahmen der Baukastengestaltung unter Berücksichtigung der weiteren Rahmenbedingungen erfolgen.

Zur Bestimmung der aktuellen Wiederverwendung von Komponenten, Baugruppen und Modulen in unterschiedlichen Produktvarianten müssen Projektstücklisten miteinander verglichen werden (Abbildung 3-7).

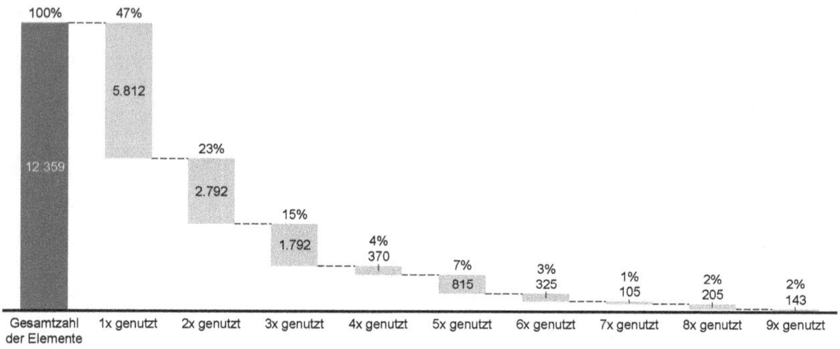

Abbildung 3-7: Wiederverwendung von Komponenten in unterschiedlichen Anlagentypen[55]

In dem gezeigten Beispiel ist ein typischer Wiederverwendungsgrad von Bauteilen über die verschiedenen Produktvarianten hinweg zu erkennen. So werden beispielsweise 5.812 Elemente in nur einer Produktvariante verwendet. Nur wenige Elemente werden hingegen übergreifend in einer Vielzahl von Anlagentypen genutzt.

Häufig finden sich in den Bereichen von hohen Wiederverwendungen lediglich sogenannten C-Teile, welchen Schrauben, Muttern, Nieten etc. zuzuordnen sind. Dabei sollten sich insbesondere entwicklungs- und einkaufskostenintensive Bauteile bei den Elementen mit einer hohen Wiederverwendung wiederfinden. Häufig gibt es auch bei großen Zukaufteilen schon eine Gleichteilstrategie, welche sich in der Analyse wiederfinden lässt und als Basis genutzt werden kann um weitere Gleichteile einzuführen. Wie bereits erläutert, lässt sich bei den meisten Produkten von Unternehmen nur ein geringer Grad an Kommunalität zwischen den unterschiedlichen Produktvarianten entdecken, welcher durch die Einführung eines Baukastens gesteigert werden soll. Neben

[55] Eigene Darstellung, WZL

der Analyse der unterschiedlichen Produktvarianten ist auch die Wiederverwendung zwischen den Produktgenerationen relevant. In der Regel wird eine neue Anlage nicht komplett neu entwickelt. Ein Großteil der Teile kann als „Carry-OverParts" übernommen werden. Bauteile, welche bereits heute einen hohen Grad an Wiederverwendung aufzeigen sollten dabei bei der Baukastenentwicklung berücksichtigt werden. Weiterhin sollte durch den Einkauf geprüft werden, ob weitere Preisnachlässe möglich sind.

Neben der konstruktiven Gestaltung der Anlagen haben die Produktions-, Transport- und Installationsprozesse den größten Einfluss auf die Gesamtkosten einer Anlage. Dementsprechend müssen entsprechende Anforderungen im Rahmen der Baukastengestaltung berücksichtigt werden, um Kosteneinsparungspotenziale zu heben. Zu Beginn muss die Prozessabfolge der Baukastenprodukte aufgenommen werden. Dies kann mittels einer Wertstromanalyse erfolgen, auf welche hier nicht weiter im Detail eingegangen wird. Anschließend können die Stückkosten je Prozessschritt identifiziert und dokumentiert werden, damit diese bei der Neugestaltung von Baukastenelemente berücksichtigt werden können.

Für die Analyse der Produktionsprozesse müssen sowohl die interne Fertigung als auch die vorhandene Supply Chain berücksichtigt werden. Häufig wird bei der Baukastengestaltung das Ziel ausgegeben, den Vorfertigungsgrad zu erhöhen. Dies kann auch bei Windenergieanlagen von Vorteil sein, muss jedoch in enger Abstimmung mit den Transport- und Installationsanforderungen erfolgen.

Die Transport- und Installationsprozesse spielen bei der Gestaltung der Produkte eine große Rolle, da hier hohe ungeplante Folgekosten und Projektverzögerungen entstehen können. Länderspezifische Transportanforderungen müssen bei der Gestaltung der Module und Baugruppen berücksichtigt werden. Hierzu zählen beispielsweise Gewichtsanforderungen und Abmessungen der Großkomponenten. Diese können bei den zuständigen Behörden der Länder in Erfahrung gebracht werden. Überschreitet eine Komponente gewisse Gewichts- und Abmessungsgrenzen müssen diese mittels Schwer- und Sondertransporten zu den Errichtungsstellen der Windenergieanlagen transportiert werden. Diese liegen zum Teil in schwer zugänglichen Gebieten, was somit Teils die Notwendigkeit des Ausbaus von Straßen zur Folge haben kann. Die länderspezifischen Anforderungen sollten daher in Zusammenarbeit mit den Vertriebsgesellschaften in den einzelnen Ländern festgelegt werden. Anschließend können auf Basis der vorhandenen Daten Anforderungen für unterschiedliche länderspezifische Varianten definiert werden.

Neben den Transportanforderungen ergeben sich aus dem Installationsprozess der Windenergieanlagen weitere Restriktionen. Bei hohen Anlagen spielt die Verfügbarkeit von geeigneten Kränen zum Heben der schweren Bauteile eine Rolle. Weiterhin kann die Erstellung spezieller Montagewerkzeuge notwendig sein, was sich wiederum negativ auf Kosten und Auftragsabwicklungszeiten auswirkt. Weiterhin ist es bei Windenergieanlagen üblich, dass einzelne Prozessschritte der Fertigung am Errichtungsort erfolgen. Dementsprechend müssen das Know-How der eingesetzten Mitarbeitenden am Errichtungsort sowie die klimatischen Bedingungen berücksichtig werden. Auch hieraus können sich Anforderungen an Module oder Baugruppen einer Baukastenanlage ergeben.

Ziel	Festlegung der internen Anforderungen für den Baukasten	
Input	**Vorgehensweise**	**Output**
➢ Auftragsstücklisten (Entwicklungs- oder Montageorientiert) ➢ Maximalstücklisten ➢ Konstruktionszeichnungen ➢ Bestehende Produktstrukturen ➢ Vertriebsdaten ➢ Einbauraten ➢ Montageanweisungen ➢ Supply Chain Informationen	➢ Ermittlung der Wiederverwendungsquoten zwischen unterschiedlichen Produkten ➢ Bestimmung der aktuellen Teilevielfalt ➢ Ermittlung der Gründe der aktuellen Variantenvielfalt ➢ Ermittlung der Kosten von Modulen, Baugruppen und Komponenten ➢ Ermittlung des Prozesses durch Prozessinterviews ➢ Ableitung von Prozessrestriktionen	➢ Produktgliederung ➢ Produktstruktur ➢ Gleichteilquote ➢ Variantenbaum ➢ Übersicht der Variantentreiber ➢ Kostenstruktur ➢ Prozessstruktur ➢ Prozessrestriktionen
Methoden	Quality Function Deployment, Variantenbaum, ABC-Analyse, Einflussdiagram, Prozessinterviews	

Abbildung 3-8: Vorgehen zur Analyse interner Anforderungen auf einen Blick[56]

3.1.3 Konsolidierung der Anforderungen

Die Kapitel 3.1.1 und 3.1.2 haben die Analyse von externen und internen Anforderungen an einen Baukasten dargestellt. Die Kombination dieser Anforderungen bildet das Baukastenlastenheft ab, welches im nachfolgenden Schritt durch das Baukastenpflichtenheft erfüllt werden muss. Hierzu wurde bei der Analyse der externen Anforderungen der Betrachtungsbereich im Sinne von relevanten Märkten bestimmt. Dazu erfolgt eine Zuordnung der in dem Merkmalbaum definierten Varianten zu den zuvor ermittelten Marktsegmenten. Weiterhin wird die Analyse der Anforderungen aufgrund des historisch gewachsenen Produktportfolios sowie der Produktions-, Transport- und Installationsprozesse beschrieben. Hierzu zählen beispielsweise die maximal zu fertigenden Maße für eine Fertigungsmaschine, die zulässigen Gewichtsrestriktionen des Aufstelllandes oder die Gegebenheiten vor Ort bei der Installation der Anlage. Als Zwischenfazit sind die Betrachtungsbereiche der Anforderungen in Abbildung 3-9 dargestellt.

---

[56] Eigene Darstellung, WZL

Marktanalyse	Produktanalyse	Prozessanalyse
▪ Land	▪ Rotordurchmesser	▪ Supply Chain
▪ Referenzwindgeschwindigkeit	▪ Turmhöhe	▪ Vorfertigungsgrad
▪ Windturbulenz	▪ Anlagenleistung	▪ Max. Abmessungen
▪ Weibull-Faktor	▪ Schallemission	▪ Max. Gewicht
▪ Max./Min. Temperatur	▪ Anteil Carry-Over-Parts	▪ Montagewerkzeug
▪ Blitzschutz	▪ Kommunalitäten	▪ Kranverfügbarkeit
▪ …	▪ …	▪ …

Abbildung 3-9: Betrachtungsbereiche der Anforderungen[57]

Das Zusammenführen von internen und externen Anforderungen in einer konsolidierten Form ist dabei als Baukastenlastenheft zu verstehen. Hierbei können zum einen die Anforderungen tabellarisch zusammengefasst werden, zum anderen wird die Plausibilität der Anforderungen geprüft werden.

Ziel	Zusammenführung der Anforderungen an den Baukasten	
Input	**Vorgehensweise**	**Output**
➢ Externe Anforderungen ➢ Interne Anforderungen	➢ Konsolidierung der Anforderungen ➢ Plausibilitätsprüfung der Anforderungen	➢ Plausibilitätsgeprüftes Baukastenlastenheft
Methoden	Anforderungsreview, Zusammenfassung	

Abbildung 3-10: Vorgehen zur Konsolidierung der Anforderungen[58]

Dabei gilt es, die externen und internen Anforderungen hinsichtlich ihrer Überschneidungen zu prüfen. Beispielsweise sollten unrealistische Anforderungen in Bezug auf den aktuellen Stand der Technik wie extrem lange Rotorblattlängen oder stark vom Standard abweichende Leistungsanforderungen hinterfragt werden. Hierbei muss die Rücksprache mit den Anforderungsstellern erfolgen, damit geklärt werden kann, ob die Anforderung tatsächlich so gestellt wurde oder es sich um einen Fehler handelt. Auch widersprüchliche Anforderungen müssen geprüft werden. Als Beispiel können hier die Anforderungen an die Rotorblattlänge und die Fertigung des Rotorblattes genannt werden. Stimmen die

[57] Eigene Darstellung, WZL

[58] Eigene Darstellung, WZL

benötigten Längen eines Rotorblattes (z.B. 55 m) und die Anforderungen an die Kompetenzen der Produktion (z.B. Fertigung bis 50 m) nicht überein, muss eine Rücksprache bezüglich der im Lastenheft final zu berücksichtigenden Länge erfolgen. Als Ergebnis liegt ein geprüftes Baukastenlastenheft vor.

Key Learnings

- Die Analyse der externen Anforderungen spiegelt die Anforderungen des Marktes an einen Baukasten wieder und ermöglicht eine leistungsorientierte Gestaltung des Produktportfolios

- Die Analyse der internen Anforderungen schafft Transparenz hinsichtlich unternehmensbezogener Anforderungen an einen Baukasten und ermöglicht die Produktion des Baukastens mit einer geringen Modul, Baugruppen und Komponentenvielfalt unter Berücksichtigung von existierenden Produktvarianten und standortspezifischer Besonderheiten

- Durch die Konsolidierung und Plausibilitätsprüfung der internen und externen Anforderungen entsteht das Lastenheft für den Baukasten.

Abbildung 3-11: Key Learnings zur Analyse der Anforderungen[59]

3.2 Baukastenpflichtenheft

Nachdem die Analyse der Anforderungen für den Baukasten abgeschlossen ist, kann mit dessen Ausgestaltung begonnen werden. Hierzu sind drei Schritte notwendig. In einem ersten Schritt wird die Baukastenstruktur festgelegt. Die Baukastenstruktur dient dazu, Anlagen unterschiedlicher Produktlinien einheitlich darzustellen. Hierzu wird eine Produktstruktur aufgebaut, die alle Module und Baugruppen einer Anlage enthält. Auf Basis der Produktstruktur können anschließend unterschiedliche Bauraumkonzepte abgeleitet und untersucht werden. Ist

[59] Eigene Darstellung, WZL

das Bauraumkonzept festgelegt, können die Schnittstellen zwischen den Modulen definiert werden. Die Strukturierung des Baukastens bildet somit die notwendige Vorarbeit für die anschließende Moduldetaillierung. Im Rahmen der Moduldetaillierung werden die Baukastenelemente definiert und Module werden bezüglich ihrer übergreifenden Verwendung geplant. Hierzu sind kundenabhängige und kundenunabhängige Module zu ermitteln. Anschließend erfolgt die Dokumentation der Module. Damit ein Baukasten nutzbar wird, werden im letzten Schritt die Konfigurationsregeln der Modulvarianten zueinander, unter Berücksichtigung von Kundenmerkmalen und technischen Restriktionen, festgelegt. Durch die Nutzung von definierten Modulen und Baugruppen mit festgelegten Schnittstellen wird somit eine konfigurierbare Anlage erschaffen. Auf Basis der Anforderungen wird die Anlage als Konfiguration von Modulen und Baugruppen festgelegt.

3.2.1 Baukastenstrukturierung

Die Baukastenstrukturierung hat das Ziel, Transparenz bezüglich der verwendeten Module und Baugruppen über unterschiedliche Plattformen und Produktlinien hinweg zu schaffen. Hierzu wurde bereits zuvor der Betrachtungsbereich festgelegt (siehe Kapitel 3.1.1). Weiterhin wird ein grundsätzliches Bauraumkonzept zur Anordnung der Kernmodule erarbeitet. Dabei werden unterschiedliche mögliche Modulanordnungen einander gegenübergestellt und bewertet. Nach dem Abschluss der Konzeptauswahl werden die Schnittstellen der Module festgelegt. Durch einheitlich definierte Schnittstellen wird die Austauschbarkeit von Modulen sichergestellt.

Die Erstellung einer generischen Produktstruktur ist der erste Schritt bei der Baukastenstrukturierung, um das historische gewachsene Produktprogramm vergleichbar zu beschreiben. Eine Produktstruktur stellt alle

Module, Baugruppen und optionalen Bestandteile eines Produktes in hierarchischer Form auf verschiedenen Ebenen dar und ist hierbei funktionsorientiert aufgebaut. Dadurch können bei sich ändernden Anforderungen an eine Funktion, die betroffenen Elemente schnell identifiziert werden und Folgeänderungen werden vermieden. Jedem Element der Produktstruktur können sowohl eine Beziehung zu anderen Elementen, als auch eine übergreifend zu erfüllende Funktion zugeordnet werden. Die Produktstruktur verzichtet auf einen zu hohen Detaillierungsgrad, um sicherzustellen, dass unterschiedliche Produktausführungen abgebildet werden können. So ist es beispielsweise sinnvoll, den Triebstrang einer Windenergieanlage in der generischen Produktstruktur abzubilden. Würde jedoch der Sonnenraddurchmesser der zweiten Stufe des Planetengetriebes abgefragt, schränkt dies den Betrachtungsraum auf Windenergieanlagen mit mindestens zweistufigen Planetengetrieben ein. Getriebelose Anlagen oder solche mit Stirnradgetriebe wären nicht abbildbar. Weiterhin werden einzelne Komponenten nicht in der Produktstruktur dargestellt.

Bei der Erstellung einer Produktstruktur für Windenergieanlagen kann auf die Vorarbeiten des „Reference Designation System for Power Plants (RDS-PP)" zurückgegriffen werden. Hierbei handelt es sich um ein Strukturierungsprinzip für alle Kraftwerkstypen, welche auf Basis unterschiedlicher Normen (IEC 81346-1 / EN 81346-1 / DIN EN 81346-1) entwickelt wurden. Erstellt wurde diese von unterschiedlichen Beteiligten eines Arbeitskreises, welcher sich aus Herstellern, Betreibenden, Forschungseinrichtungen und Instandhaltungsunternehmen der Windenergiebranche zusammensetzt. Die RDS-PP bildet dabei eine hierarchische Struktur vom Großen zum Kleinen. Weiterhin existiert ein Kennzeichensystem für die einzelnen Systeme und Teilsysteme einer Anlage, welches eine generische Beschreibung der Elemente bis auf die

Modulebene ermöglicht. Für weitere Informationen bezüglich der RDS-PP sei hierbei auf VGB Powertech verwiesen (siehe Abbildung 3-12).

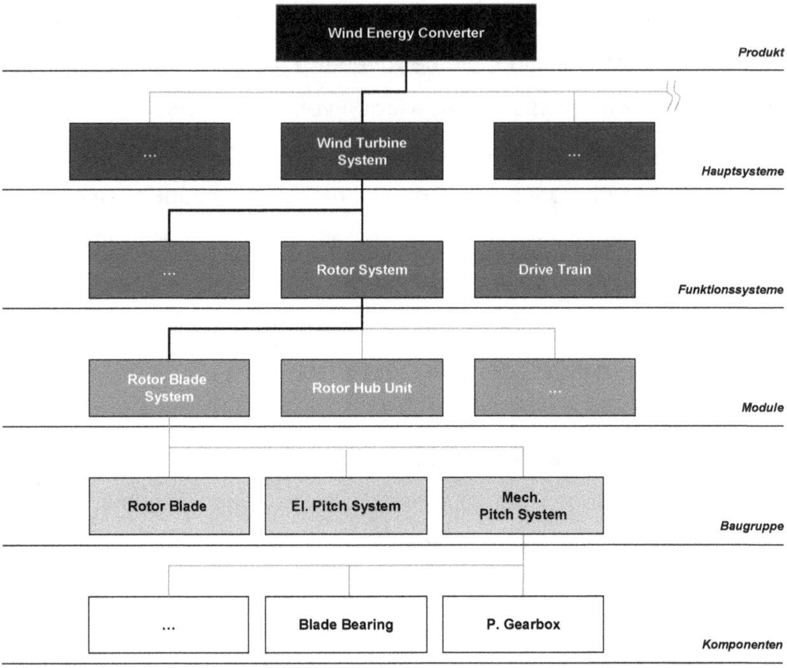

Abbildung 3-12: Generische Darstellung einer Produktstruktur für Windenergieanlagen[60]

Auf der obersten Ebene der Struktur findet sich die Windenergieanlage wieder. Die Anlage setzt sich dabei aus mehreren Hauptsystemen zusammen, welche nach Funktionen gegliedert sind und der RDS-PP entnommen werden können. Diese Hauptsysteme können wiederum in einzelne Funktionssysteme unterteilt werden, welche ebenfalls der Strukturierung der RDS-PP folgen. Diese Funktionssysteme setzen sich aus spezifischen Modulen, Baugruppen und Komponenten zusammen.

[60] Eigene Darstellung, WZL, basierend auf RDS-PP

Die funktionsorientierten Module bestehen aus verschiedenen Baugruppen und bilden testbare Einheiten. Baugruppen wiederum sind aus Komponenten zusammengesetzt, welche jedoch nicht explizit in der Produktstruktur dargestellt werden.

Für die Erstellung der unternehmensspezifischen generischen Produktstruktur werden die Gliederungsebenen der RDS-PP übernommen. Eine Zuordnung von Modulen und den darunterliegenden Baugruppen zu den Funktionssystemen muss anschließend in Workshops mit den Fachexperten aus der Konstruktion erfolgen. Dabei können bestehende Stücklisten als Hilfsmittel genutzt werden, um eine Vollständigkeit der generischen Produktstruktur sicherzustellen. Hierzu sind Maximal- oder Variantenstücklisten sinnvoll, um unterschiedliche, existierende Produktstrukturen für die Baukastengestaltung zu vereinheitlichen. Historisch bedingt unterschiedliche Strukturen führen dazu, dass Module, Baugruppen und Komponenten nicht immer an den gleichen Positionen und auf den gleichen Ebenen der Produktstruktur angeordnet sind. Dies erschwert zum einen die Wiederverwendung im Rahmen der Baukastengestaltung, zum anderen entstehen so Fehler bei der Prüfung auf Vollständigkeit der aus der Produktstruktur abgeleiteten Stücklisten. Das Ziel der Vereinheitlichung der Strukturen ist folglich, dass gleiche Elemente (z.B. Getriebe oder Anbauteile) übergreifend den gleichen Ebenen und Positionen der Produktstruktur zugeordnet werden (siehe Abbildung 3-13).

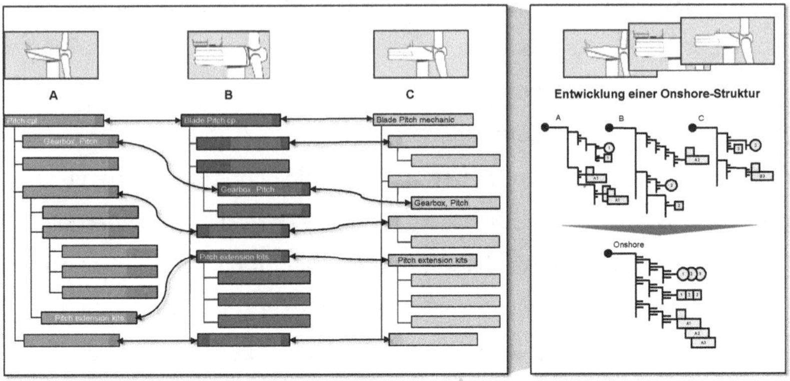

Abbildung 3-13: Ableitung einer Produktstruktur[61]

Nachdem die Produktstruktur erstellt wurde, kann im nächsten Schritt das Bauraumkonzept für die Anlage festgelegt werden. Hierzu müssen unterschiedliche Bauraumkonzepte erarbeitet und bezüglich ihrer technischen und wirtschaftlichen Eigenschaften bewertet werden.

Die Untersuchung verschiedener Bauraumkonzepte für Windenergieanlagen ist aufgrund der Menge an unterschiedlichen Lösungsmöglichkeiten für unterschiedliche Funktionen notwendig. Dabei existieren neben dem grundsätzlichen Aufbau einer Anlage als Vertikal- oder Horizontalachser weitere, zu untersuchende Aspekte, wie die Getriebeausführung oder die Generatorbauart. Auf einzelne technologische Konzepte von Windenergieanlagen wie Darrieus-Rotor oder Savonius-Rotor bei den Vertikalanlagen sowie den Luv- bzw. Leeläufern bei Horizontalanlagen wird im Folgenden nicht spezifisch eingegangen. Stattdes-

[61] Eigene Darstellung, WZL

sen erfolgt die Vorstellung einer Methodik zur Bewertung von Bauraumkonzepten am Beispiel einer Horizontalanlage als Luvläufer, da diese das am weitesten verbreitete Anlagendesign darstellt.
Das Vorgehen kann in drei Schritte unterteilt werden (siehe Abbildung 3-14).

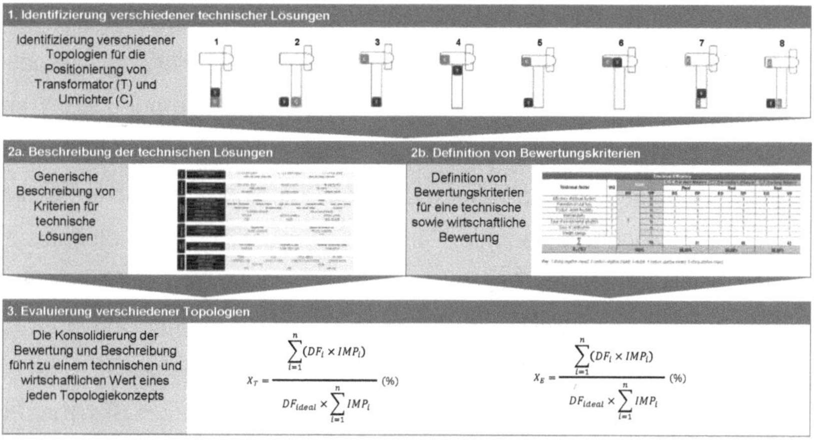

Abbildung 3-14: Bewertung von Bauraumkonzepten[62]

Zu Beginn müssen unterschiedliche Bauraumkonzepte der Anlage erstellt werden. Hierbei werden neben den bestehenden Konzepten auch neue Konzeptideen mit aufgenommen. Als Beispiel für eine Untersuchung kann die Anordnung der Komponenten Converter und Transformator herangezogen werden. Prinzipiell gibt es die Möglichkeit, diese Komponenten in der Gondel unterzubringen. Dem gegenüber stehen Konzepte, welche eine Platzierung innerhalb des Turms, außerhalb des Turms in einem separaten Gebäude oder auch aufgeteilt auf Turm und

[62] Eigene Darstellung, WZL

Gondel vorsehen. Jedes Konzept bietet dabei unterschiedliche Vor- und Nachteile, z.B. hinsichtlich Montageaufwand oder Effizienz der Anlage. Im zweiten Schritte wird der Konzeptvergleich unter Zuhilfenahme eines morphologischen Kastens vorgenommen. Im Rahmen dieser Kreativitätstechnik werden Merkmale, welche zur Beschreibung und Differenzierung der Lösungsalternativen genutzt werden, ermittelt und durch Ausprägungen detailliert. Somit kann jede ermittelte Lösungsalternative eindeutig beschrieben werden. Bezogen auf die Anordnung von Transformator und Converter ergeben sich hierbei Merkmale in unterschiedlichen Dimensionen, z.B. hat die Anordnung einen Einfluss auf den Ertrag der Windenergieanlage. Für den Ertrag der Anlage spielt beispielsweise die elektrische Effizienz der Anlage eine Rolle, welche wiederum von der Distanz zwischen den Komponenten Generator, Converter und Transformator abhängig ist. Diese Distanz unterscheidet sich bei den unterschiedlichen Konzepten. Weiterhin sind Aspekte aus Sicht der Produktion, der Installation sowie des Betriebs zu berücksichtigen. Bezogen auf die Produktion wird die Komplexität des Gondel- und Turmdesigns einbezogen. Bei der Installation ist insbesondere interessant, ob die Montage am Boden oder in der Gondel erfolgen muss. Der direkte Zugang zu den Bauteilen wiederum spielt auch beim Betrieb bzw. bei der Wartung eine Rolle. Für diese Merkmale können unterschiedliche Ausprägungen definiert werden. Nach der Definition der Beschreibungsmorphologie werden Bewertungskriterien in Bezug auf die Vorteilhaftigkeit von Anlagenkonzepten erarbeiten (z.B. hinsichtlich Installationsaufwand, LCOE etc.). Darauf aufbauend können die einzelnen Ausprägungen entsprechend der Erfüllung der Bewertungskriterien einzeln evaluiert werden. Durch die Konsolidierung der einzelnen Bewertungen ergeben sich eine technische und eine wirtschaftliche Kennzahl, sodass sich die Konzepte vergleichen lassen.

Nachdem mithilfe der Produktstruktur die Module bestimmt wurden und durch das Bauraumkonzept die Anordnung der Module festgelegt wurde, erfolgt die Festlegung der Schnittstellen zwischen den Modulen. Durch einheitlich definierte Schnittstellen zwischen den einzelnen Modulen werden deren Austauschbarkeit und Kompatibilität gewährleistet. Schnittstellen können dabei unterschiedlicher Natur sein. So existieren Schnittstellen in Bezug auf Geometrie, Energie, Information und Substanz. Geometrische Schnittstellen verbinden zwei aneinandergrenzende Module. Bei der Änderung eines Moduls ist dabei darauf zu achten, dass sich die Geometrie der Schnittstelle nicht ändert, um weiterhin die Kompatibilität sicherzustellen. Energetische Schnittstellen übertragen beispielsweise Kräfte zwischen zwei Modulen. In Anlagen ist dies beispielsweise an der Schnittstelle zwischen der Antriebswelle und dem Getriebe der Fall. An informatorischen Schnittstellen werden Signale, zum Beispiel von Sensoren übertragen. Substanzschnittstellen wiederum liegen beispielsweise in Hydraulikleitungen vor, welche für die Ölversorgung von Komponenten zuständig sind.

Für die Ermittlung und Dokumentation von Abhängigkeiten zwischen Modulen und der zu definierenden Schnittstellen wird eine Design-Structure-Matrix genutzt (siehe Abbildung 3-15).

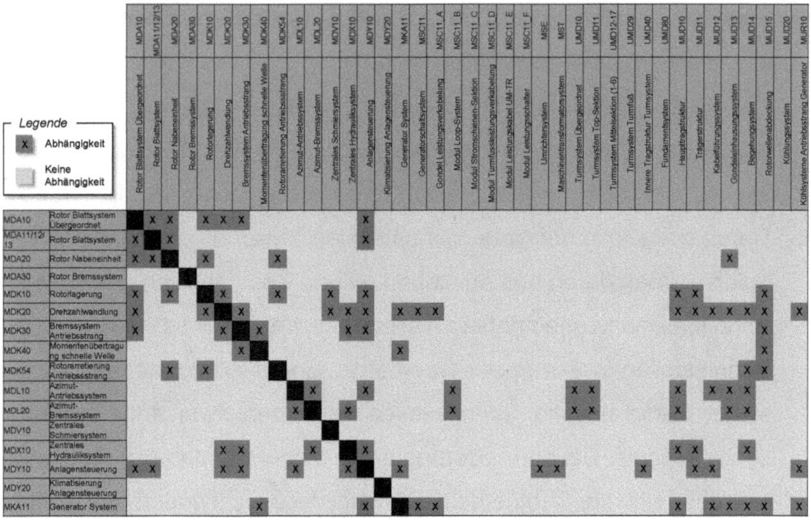

Abbildung 3-15: Design-Structure-Matrix zur Schnittstellendokumentation[63]

In der Matrix werden alle Schnittstellen auf Modul-Level dargestellt. Hierdurch unterstützt die Matrix insbesondere auch das Änderungsmanagement bzw. das Abschätzen der Änderungsfortpflanzung.

Aufbauend auf der Produktstruktur, dem Topologiekonzept und den Schnittstellen können im nächsten Schritt konstituierende Merkmale ermittelt werden, welche die „DNA" des Baukastens repräsentieren. Konstituierende Merkmale beschreiben dabei Merkmale eines Baukastens, welche über den Lebenszyklus des Baukastens nicht verändert werden. Typischerweise sind konstituierende Merkmale jene, welche bei einer Änderung einen hohen Aufwand durch Folgeänderungen nach sich ziehen würden. Zur Identifikation konstituierender Merkmale kann das Schalenmodell verwendet werden, welches nachfolgend vorgestellt wird. Das Schalenmodell kann aus Sicht des Marktes und aus Sicht des

[63] Vgl. Schuh et al. (2021), Sustainable Innovation, S. 207

Produktes aufgebaut werden. Dabei repräsentiert ein Schalenmodell jeweils ein Modul (siehe Abbildung 3-16).

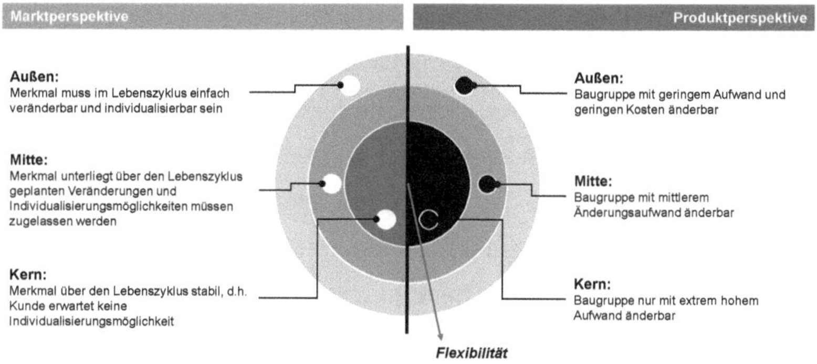

Abbildung 3-16: Schalenmodell zur Bewertung der Flexibilität[64]

Die Schalen innerhalb des Schalenmodells werden als Kern, Mitte und Außen bezeichnet. Für das externe Schalenmodell (marktseitig) werden die Merkmale, welche die Baugruppen aus Kundensicht beschreiben, eingeordnet. Je weiter ein Merkmal hierbei in Richtung des Kerns rückt, desto weniger Einfluss nehmen die Kunden über den Lebenszyklus hierauf und desto geringer ist die Wahrscheinlichkeit, dass dieses angepasst werden muss.

Für das interne Schalenmodell (produktseitig) werden im Kern Baugruppen eingeordnet, die bei einer Änderung besonders hohe Änderungsaufwände zur Folge haben. In der Mitte wiederum folgen Baugruppen mit einem mittleren Änderungsaufwand, während sich auf der äußeren Schale Baugruppen mit geringem Änderungsaufwand wiederfinden. Die Bewertung des Änderungsaufwands erfolgt dabei durch Kriterien wie die Herstellkosten, die Entwicklungskosten, den Änderungseinfluss auf andere Baugruppen sowie die Stabilität der technischen Lösung.

---

[64] Vgl. Schuh et al. (2021), Sustainable Innovation, S. 201

Für die sinnvolle Auslegung des Baukastens muss ein Abgleich zwischen externem und internem Schalenmodell erfolgen. So kann es sein, dass Merkmale, welche außen im externen Schalenmodell positioniert sind und somit eine hohe Änderungswahrscheinlichkeit haben, auf Baugruppen wirken, die im Kern des internen Schalenmodells liegen und somit hohe Änderungsaufwände mit sich ziehen.

Für den Abgleich der externen und der internen Sicht werden die Abhängigkeiten der Merkmale und der Baugruppen ermittelt. Als Unterstützung wird hierzu eine Matrix herangezogen, welche die Baugruppen auf der Ordinate den Merkmalen auf der Abszisse gegenüberstellt. Für jedes Merkmal und für jede Baugruppe ist ebenfalls die zugehörige Schale des jeweiligen Schalenmodells aufgeführt (siehe Abbildung 3-17).

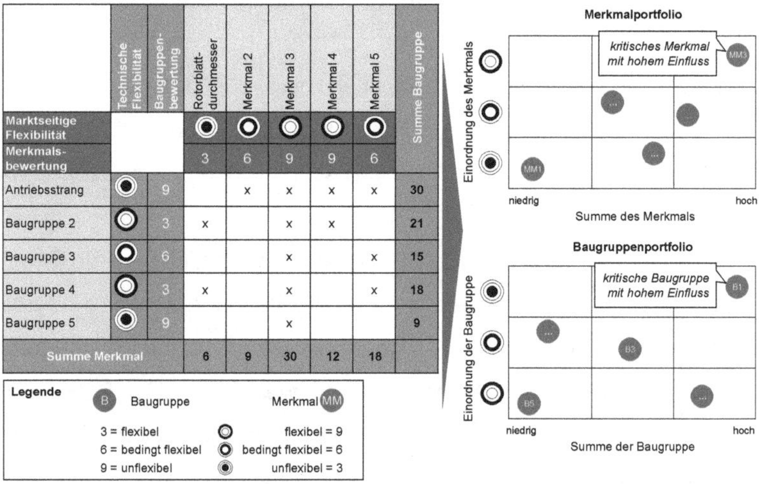

Abbildung 3-17: Analyse der Einflüsse zwischen Merkmalen und Baugruppen[65]

[65] Vgl. Schuh et al. (2021), Sustainable Innovation, S. 204

Die aus Schale und Verknüpfung ermittelte Zeilen- bzw. Spaltensumme erlaubt dann die Identifikation von kritischen Merkmalen oder Baugruppen. Ein Merkmal, welches eine hohe Änderungswahrscheinlichkeit hat und gleichzeitig viele Baugruppen im Kern beeinflusst, ist besonders kritisch. Um entsprechende Auswirkungen zu reduzieren, sollten entsprechende Wertebereiche für das Merkmal in der Entwicklung vorgesehen werden. Gleichermaßen sind Baugruppen kritisch, welche im Kern liegen und von vielen flexiblen Merkmalen beeinflusst werden. Hier gilt es durch Over-Engineering oder Aufteilen eine Entkopplung zu erreichen. Außerdem können konstituierende Merkmale abgeleitet werden, welche Eigenschaften von Baugruppen mit einem kritischen Einfluss (oben rechts im Baugruppenportfolio) festlegen, sodass diese Baugruppen über den Lebenszyklus hinweg nicht geändert werden müssen.

Das Ziel der Festlegung von konstituierenden Merkmalen ist es, Änderungen nur in den Bereichen zuzulassen, in denen keine hohen Änderungskosten entstehen. Somit legen konstituierende Merkmale häufig Schnittstellen oder Bauräume für bestimmte Baugruppen fest, welche bei Änderungen hohe Aufwände verursachen würden. Bei Windenergieanlagen können beispielsweise ein festgelegter Tilt-Winkel und standardisierte Anschlussdurchmesser zwischen Turm- und Gondel dazugehören. Durch diese Festlegung sind sowohl für die Gondel als auch für den Turm wichtige Merkmale in Bezug auf den Bauraum übergreifend definiert.

Ziel: Festlegung einheitlicher Strukturen für den Baukasten

Input	Vorgehensweise	Output
➢ Produktgliederung ➢ Gleichteilquote ➢ Variantenbaum ➢ Übersicht der Variantentreiber ➢ Kostenstruktur ➢ Kundenseitige Merkmale und Ausprägungen ➢ Marktsegmente ➢ Marktsegmentattraktivität ➢ Notwendiger Konfigurationsraum ➢ Anzubietende Produktvarianten ➢ Prognostizierte Absatzzahlen	➢ Festlegung notwendigen Ebenen für die Produktstruktur ➢ Festlegung der Produktstruktur für den Baukasten ➢ Zuweisung der Komponenten zu Modulen Sicherstellung der Vollständigkeit ➢ Ermittlung möglicher Bauraumkonzepte ➢ Bewertung und Auswahl eines Bauraumkonzeptes ➢ Bewertung der notwendigen Modulflexibilität ➢ Bewertung der Änderungsaufwände der Module ➢ Aufbau des Schalenmodells ➢ Ableitung konstituierender Merkmale	➢ Produktstruktur für den Baukasten ➢ Bauraumkonzept ➢ Definierte Schnittstellen ➢ Schalenmodell ➢ Flexibilität der Module ➢ Änderungsaufwände der Module ➢ Konstituierende Merkmale

Methoden: Schalenmodell, Design Structure Matrix, Morphologischer Kasten, RDS-PP

Abbildung 3-18: Strukturierung des Baukastens auf einen Blick[66]

Nachdem innerhalb der Baukastenstrukturierung die Produktstruktur, das Bauraumkonzept sowie die Schnittstellen und konstituierenden Merkmale festgelegt wurden, erfolgt anschließend die Moduldetaillierung des Baukastens.

3.2.2 Moduldetaillierung des Baukastens

Die Moduldetaillierung des Baukastens hat das Ziel, die definierten Module konzeptionell auszugestalten und deren notwendige Vielfalt festzulegen. Dabei wird auf die in Kapitel 3.1 ermittelten Anforderungen zurückgegriffen. Es gilt zu definieren, welche Modulvarianten welche spezifischen Anforderungen erfüllen. Hierzu werden die zuvor identifizierten kundenrelevanten Merkmale als Variantentreiber eines Moduls aufgegriffen. Basierend auf dem durch den Baukasten abzudeckenden Portfolio werden die möglichen Kombinationen an Variantentreibern aus dem Merkmalbaum abgeleitet. Da die Module aus Baugruppen und

[66] Eigene Darstellung, WZL

Komponenten konfiguriert werden, erfolgt an dieser Stelle die Ermittlung der Baugruppen- und Komponentenvielfalt. Methodisch wird dies durch eine Kommunalitätsmatrix unterstützt (siehe Abbildung 3-19).

					Verkaufszahlen						
					2019	95	33	6	39	16	28
					2020-2023	475	165	30	195	80	140
					Anwendung						
					Plattform	MM82	MM82	MM82	MM82	MM82	MM82
					Klima	NCV	NCV	NCV	NCV	NCV	NCV
					Frequenz	50Hz	50Hz	50Hz	50Hz	50Hz	50Hz
					Elektrisches System	DFIG	DFIG	DFIG	DFIG	DFIG	DFIG
					Zertifizierung	IEC	IEC	IEC	IEC	IEC	IEC
					Rotorblattlänge	RE44	RE44	RE48	RE48	LM48,5	LM48,5
					Hersteller Pitchmotor	A	B	A	B	A	B
Level	Modul/ Komponente	Beschreibung	Aktuelle Varianten	Variantentreiber	Verbrauch						
1	Rotorsystem										
2	Rotorblattsystem										
3	Rotorblatt		12	Länge		A	A	B	B	C	C
3	Pitchantrieb		10+	Klima, Hersteller		A	B	A	B	B	A
3	Pitchgetriebe		12+			A	A	A	A	A	A
3	Schmiersystem										
3	Zusatzsysteme										

Abbildung 3-19: Auszug einer Kommunalitätsmatrix[67]

Auf der Abszisse werden die verschiedenen Merkmalskombinationen in Spalten aufgeführt. Auf der Ordinate ist die Produktstruktur dargestellt. In entsprechenden Workshops kann nun bestimmt werden, welche Merkmalskombinationen durch die selben Baugruppen- oder Komponentenvariante erfüllt werden können. Hierbei erfolgt eine Abschätzung zwischen den zusätzlichen Kosten, welche als Komplexitätskosten durch eine zusätzliche Variante entstehen, gegenüber den zusätzlichen Kosten des Over-Engineerings einer Variante zur Abdeckung eines entsprechend größeren Anforderungsraums, welcher sich durch das Abdecken einer weiteren Merkmalskombination ergibt. Am Beispiel des Rotorblattsystems, welches vereinfacht als Kombination aus Rotorblatt, Pitchsystem und Pitchlager dargestellt wird, können der einzufangende Wind und damit die Länge des Blatts als Variantentreiber angesehen werden. Der Pitchmotor ist abhängig von den klimatischen Bedingungen sowie den länderspezifischen Anforderungen. Das Pitchlager kann

[67] Vgl. Schuh et al. (2021), Sustainable Innovation, S. 211

für die Anlagen standardisiert werden und kann von den Variantentreibern entkoppelt werden. Aus der Kommunalitätsmatrix lässt sich im Anschluss eine Modulvariante als Kombination von Baugruppenvarianten für eine Anforderungskombination ermitteln.

Analog zum Beispiel des Pitchlagers finden sich typischerweise in Modulen Umfänge, welche nicht durch Kundenmerkmale beeinflusst werden. Diese kundenunabhängigen Baugruppen und Komponenten gilt es somit einheitlich zu gestalten und zu standardisieren. Die Standardisierung dieser Elemente unterstützt die Komplexitätsreduktion des Gesamtprodukts und kann die Nutzung von Skaleneffekten sowie die Möglichkeit der Vorfertigung von Teilumfängen der Module zur unabhängigen Fertigung des Kundenauftrags, unterstützen.

Damit die entwickelten Standards, Schnittstellen und Varianten entsprechend ihrer zuvor definierten Anforderungen eingesetzt werden, müssen diese Festlegungen dokumentiert werden. Die Dokumentation kann dabei in Form von Modulsteckbriefen erfolgen. Innerhalb des Modulsteckbriefs gilt es dabei, neben den technischen Inhalten auch Organisatorisches festzuhalten. Welche konkreten Anpassungen durch einen Baukasten in Bezug auf Aufbau- und Ablauforganisation durchzuführen sind, wird in Kapitel 3.4 aufgegriffen. Nachfolgend gilt es das Dokument der Modulsteckbriefe als Dokumentation der im Baukastenentwicklungsprozess erarbeiteten Lösungen zu beschreiben. In dem in Abbildung 3-20 vorgestellten Beispiel ist der Modulsteckbrief dabei in fünf unterschiedliche Bereiche aufgeteilt.

Modulesteckbrief

I. Übersicht

Modul	Baugruppen	Verantwortlich	Abbildung
01 Rotorblattsystem	01.01 Rotorblatt 01.02 Pitchantrieb 01.03 Pitchgetriebe 01.04 Blattlager	Ersteller:	n.a.
Template (falls zutreffend)			
SAP-Nr.:	3D-Modell:	Zeichnungsnummer:	
Beschreibung			
Das Blattsystem enthält alle zur Gewährleistung einer aerodynamischen Umformungsfunktion notwendigen Komponenten.			

II. Externe Varianz auf Modulebene

Modulevarianten

Modul	Modulausprägungen								
#	Plattform	Klima	Elektrisches System	Blattlänge	Pichmotorlieferant	Pitchgetriebe-lieferant	Blattlagerlieferant		
1	A	NCV	NES	RE44	AA	AAA	AAAA		
2	B	CCV	DFIG	RE48	BB	BBB	BBBB		
3	C			LM48		CCC	CCCC		
4	D			LM52			DDDD		
5	E			LM56					
6				SE72					
7				RE55					
8				RE8					
9				RE59					
10				RE72					
11				RE76					
12				RE79					
13				LM59					

III. Interne Varianz auf Baugruppenebene

Modulstruktur

Baugruppen		# Varianten	Konstituierende Merkmale[A;B]	Drivers for Variety
10	Rotorblatt	110	[Länge, Code;VG;HZK;HAZ]	[Length;Code;VG;HZK;HAZ]
20	Pitchantrieb	10	[Rotorblatt]	[Rotor Blade; Plattform]
30	Pitchgetriebe	10	[Rotorblatt]	[Rotor Blade; Plattform]
40	Rotorlager	8		[Rotor Blade; Plattform]

Konfigurationsmatrix

Baugruppen \ Modulvarianten		1	2	3	4	5	6	7	8	9	10	11	12	13	14	15	16	17	18	19	20	21	22	23	24	25	26	27	...
10	Rotorblatt	A	A	B	B	C	C	D	D	E	E	A	B	C	D	E	A	B	C	D	E	A	B	C	D	E	E	E	...
20	Pitchantrieb	A	B	A	B	B	A	B	B	B	B	C	C	C	C	C	?	?	?	?	?	D	D	D	D	D	E	E	...
30	Pitchgetriebe	A	A	A	A	A	A	A	A	A	A	A	A	A	A	A	B	B	B	B	B	B	B	B	B	B	C	D	...

IV. Schnittstellenbeschreibung

Schnittstelle zu

#	Beschreibung	HSE	Mechanisch	Elektrisch	Geometrisch	Information	Thermisch	
1	Nabensystem		x	x	x	x	x	
1.1	Blattlagerverbindung				x	x		
1.2	Blattlagerabdeckung				x			
1.3	Pitchantrieb		x		x			

IV Freigabe

	Name	Datum	Unterschrift
Erstellt			
Freigabe (technisch)			
Freigabe (Buchhaltung)			
Release			

Abbildung 3-20: Moduldokumentation in Form eines Steckbriefs[68]

Innerhalb des ersten Bereichs werden allgemeine Daten entsprechend der generischen Produktstruktur festgehalten. Hierzu zählen der Name des Moduls, die entsprechenden Baugruppen und Komponenten, der oder die Verantwortliche des Moduls und wenn vorhanden, eine generische Beschreibung des Moduls sowie eine Illustration und der Verweis auf vorhandene SAP- oder Zeichnungsnummern. Der zweite Bereich beschreibt die externe Vielfalt auf Modulebene. Das bedeutet, das Mo-

[68] Vgl. Schuh et al. (2017), Produktkomplexität managen, S. 116

dul wird anhand der vorhandenen Merkmale und Ausprägungen beschrieben. Innerhalb des dritten Bereichs wird die interne Vielfalt dargestellt. Hierzu kann auf der Baugruppenebene die Anzahl der Varianten, sowie die dazugehörigen Variantentreiber, die zuvor bestimmt wurden, dargestellt werden. Weiterhin hat sich der Aufbau einer Konfigurationsmatrix bewährt. In dieser werden die Kombinationsmöglichkeiten der Baugruppen untereinander aufgezeigt und die daraus resultierende Vielfalt wird dargestellt. In dem vierten Bereich erfolgt die Beschreibung der Schnittstellen des Moduls, zu den weiteren Modulen einer Anlage. Der fünfte Bereich des Modulsteckbriefs bezieht sich auf die Genehmigung und Freigabe der entwickelten Umfänge. Hier wird typischerweise die verantwortliche Person aus der Entwicklung aufgeführt. Weiterhin können Mitarbeitende aus der Produktion, Einkauf und Vertrieb mit aufgeführt werden, welche die Module freigeben.

Aus dem Zusammenschluss der einzelnen Modulsteckbriefe ergibt sich ein Modulkatalog. In diesem sind alle Module des Baukastens beschrieben. Um den Modulkatalog für das gesamte Unternehmen verfügbar zu machen, wird dieser zentral abgelegt. Änderungen an den Dokumenten können jedoch lediglich die entsprechenden Modulverantwortlichen durchführen.

Nachdem die einzelnen Module detailliert und dokumentiert wurden, können diese im nächsten Schritt zu einer Anlage konfiguriert werden. Hierzu wird im folgenden Kapitel auf die zu entwickelnde Konfigurationslogik innerhalb des Baukastens eingegangen.

Ziel	Konzeptionelle Ausgestaltung der Baukastenmodule	
Input	**Vorgehensweise**	**Output**
➢ Produktstruktur für den Baukasten ➢ Bauraumkonzept ➢ Schnittstellendefinition ➢ Flexibilität der Module ➢ Konstituierende Merkmale ➢ Übersicht der Variantentreiber ➢ Kostenstruktur ➢ Kundenseitige Merkmale und Ausprägungen ➢ Marktsegmente ➢ Marktsegmentattraktivität ➢ Notwendiger Konfigurationsraum ➢ Anzubietende Produktvarianten ➢ Prognostizierte Absatzzahlen	➢ Ableitung der Variantentreiber je Modul ➢ Ableitung der notwendigen Modulvarianten zur Erfüllung der Marktanforderungen ➢ Erstellung der Struktur für die Modulsteckbriefe ➢ Füllen der Modulsteckbriefe ➢ Aufbau des Modulkatalogs	➢ Anzahl der notwendigen Modulvarianten je Modul ➢ Kommunalitätsmatrix je Module ➢ Modulsteckbriefe ➢ Modulkatalog
Methoden	Variantentreiberanalyse, Kommunalitätsmatritzen, Business Case Rechnung	

Abbildung 3-21: Detaillierung der Module auf einen Blick[69]

3.2.3 Ableitung der Konfigurationslogik für die Module

Nachdem im vorherigen Kapitel auf die Moduldetaillierung des Baukastens eingegangen wurde, folgt anschließend die Ableitung der Konfigurationslogik der Module des Baukastens. Das Ziel ist es, die möglichen Kombinationen der Modulvarianten auf eine sinnvolle Auswahl marktspezifischer Konfigurationen zu beschränken. Die durch den Markt geforderten Produktvarianten wurden bereits durch den Merkmalbaum in Kapitel 3.1.1 beschrieben.

Weitere Restriktionen in Bezug auf die Kombinatorik von Modulen und Baugruppen können sich dabei aufgrund von technischen oder montageseitigen Restriktionen ergeben und entstehen maßgeblich aufgrund der Wechselwirkung zwischen den einzelnen Baugruppen. Sind Baugruppen für bestimmte Leistungsklassen ausgelegt, können diese häufig nicht mit anderen Baugruppen, welche für eine andere Leistungsklasse ausgelegt sind, kombiniert werden. Weiterhin können gesetzliche Anforderungen, insbesondere hinsichtlich Gesundheits-, Arbeits- und Umweltschutz, ein Grund für weitere Einschränkungen sein. Die

[69] Eigene Darstellung, WZL

Restriktionen sind dabei von den Fachabteilungen zu definieren. Abschließend können noch technische Einschränkungen aufgrund von Schnittstellen genannt werden, wenn Baugruppen aufgrund von uneinheitlichen Schnittstellen nicht austauschbar gestaltet werden konnten. In Kapitel 3.2.2 wurden die vorhandenen Schnittstellen bereits definiert. Einheitliche Schnittstellen bilden dabei eine Grundvoraussetzung für Baukästen, sind jedoch nicht immer realisierbar. So sind auch hier Einschränkungen zu erwarten, wenn bestimmte Baugruppenvarianten eine andere Schnittstelle, beispielsweise größere Lochkreisdurchmesser oder Ähnliches verlangen. Alle genannten Einschränkungen des Konfigurationsraums aus technischer Sicht sind durch die Entwicklung zu berücksichtigen. In Abbildung 3-22 ist ein Beispiel für die Konfiguration einer Anlage durch Auswahl von Ausprägungen, welche eine Anlage erfüllen muss dargestellt.

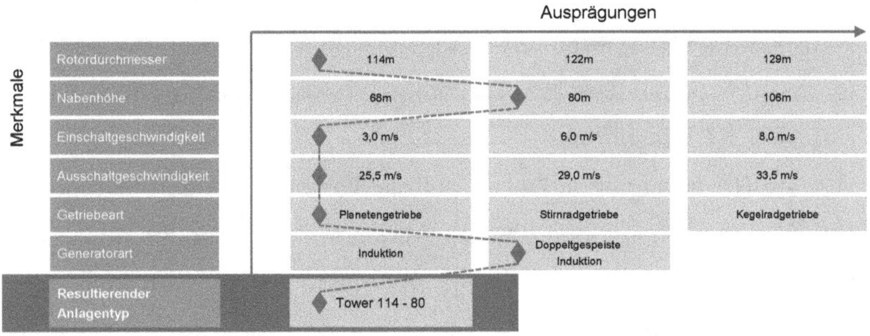

Abbildung 3-22: Konfiguration einer Anlage auf Basis von Merkmalen und Ausprägungen[70]

Die erarbeitete Konfigurationslogik im Zuge der Baukastengestaltung ist zeitgleich die Grundlage zur Einführung eines Konfigurators. Ein Konfigurator ist ein vertriebsseitiges Hilfsmittel, das es den Kunden oder dem Vertrieb erlaubt, eine Produktvariante durch variable Produktmerkmale

[70] Eigene Darstellung, WZL

und zugeordnete Ausprägungen individuell anzupassen. Auch Ausstattungspakete aufgrund von zuvor bestimmten Konfigurationsgeboten können in Konfiguratoren hinterlegt werden. Je nach Ausbaustufe ermöglicht der Konfigurator weiterhin die variantenspezifische Zusammenstellung einer Stückliste und/oder eine Produktkalkulation.

Für Konfiguratoren existieren umfangreiche IT-Lösungen, welche in den Unternehmen zum Einsatz kommen. Hierbei muss insbesondere hinsichtlich des Anwenders eines Konfigurators unterschieden werden. In der Automobilbranche ist es üblich, dass Kunden einen Konfigurator online aufrufen können und sich selbst ein Auto zu konfigurieren. Eine solche Lösung ist für die Windenergiebranche nicht zielführend. Vielmehr unterstützt der Konfigurator bei der Auswahl der richtigen Modulvarianten zu konkreten externen Anforderungen und wird von Mitarbeitenden des Unternehmens genutzt. Daher wird häufig nicht auf professionelle Lösungen, sondern auf Excel Lösungen zurückgegriffen. Als Beispiel kann hier die Konfiguration der Ausstattungspakete von Türmen genannt werden (siehe Abbildung 3-23).

Turm-Informationen			Turm-Segmentgeometrie					Turm-Ausrüstung				
Nr.	Anlagentyp	Turmtyp Vortex-Gen.	Sektion	Mittelseg ment-Nr.	Ø-Unten [mm]	Sektionslänge [mm]	Ø-Oben [mm]	Ausrüstung (Dokumente)	Dispo-Schlüssel	Anschweiß-bolzen	...	Steig-leitern
1	A		F		4550	7820	4550	76451	F 60 (L)	65231		65476
	Internal TS	[STD_4_0]	M	2	4550	19880	4550	76450	F 60 (L)	58221		59554
	50 Hz		M	1	4550	26560	3650	76449	F 60 (L)	58301		59556
	ncv		K		3650	29200	2985	76448	F 60 (L)	58321		59558
								76447 [kpl.]	F			
2	B		F		4550	14020	4550	74135	F 60 (L)	43518		61102
	Internal TS	[STD_5_1]	M	3	4550	17800	4550	74136	F 60 (L)	62652		65927
	50 Hz		M	2	4550	20320	4550	74137	F 60 (L)	62509		65921
	ncv		M	1	4550	26560	3650	74138	F 60 (L)	62112		65928
			K		3650	28950	2985	74139	F 60 (L)	62462		65925
								74141 [kpl.]	F			
3	C		F		4550	11010	4550	76413	F 60 (L)	67562		61102
	Internal TS	[STD_5_1]	M	3	4550	17800	4550	76414	F 60 (L)	62165		65927
	50 Hz		M	2	4550	20320	4550	76425	F 60 (L)	62153		65921
	ncv		M	1	4550	26560	3650	76426	F 60 (L)	62879		65928
			K		3650	28950	2985	76427	F 60 (L)	62892		65925
								76935 [kpl.]	F			
4	D		F		4550	19950	3650	37263	F 60 (L)	56532		57919
	Internal TS	[STD_2_0]	K		3650	26560	2985	37298	F 60 (L)	56533		57324
	50 Hz							76419 [kpl.]	F			
	ncv											
5	E		F		4550	9230	4550	44314	F 60 (L)	56679		55660
	Internal TS	[STD_5_1]	M	3	4550	19950	4550	56308	F 60 (L)	56673		55904
	50 Hz		M	2	4550	19950	4550	56332	F 60 (L)	56678		55904
	ncv		M	1	4550	19950	3420	56340	F 60 (L)	56674		55936
			K		3420	14960	2985	56366	F 60 (L)	44328		42011
								44341 [kpl.]	F			

Abbildung 3-23: Darstellung eines Konfigurators in MS Excel zur Auswahl von Turmausstattungen[71]

Hierbei kann aufgrund von unterschiedlichen Anforderungen jeweils ein Turmsegment ausgewählt werden. Zu jedem dieser Turmsegmente existieren unterschiedliche Ausstattungen, welche sich wiederum an die Anforderungen der Länder richten, in welchen die Türme aufgestellt werden sollen. Mit Hilfe des Konfigurators ist es in diesem Fall einfach und schnell möglich, sich einen Überblick über die vorhandene Vielfalt hinsichtlich der Türme und Turmausstattungen zu verschaffen und diese zielgerichtet für den Anwendungsfall auszuwählen.

[71] Eigene Darstellung, WZL

Ziel	Festlegung der Konfigurationslogik	
Input	**Vorgehensweise**	**Output**
➢ Modulsteckbriefe ➢ Modulkatalog ➢ Kommunalitätsmatrix je Module ➢ Kundenseitige Merkmale und Ausprägungen ➢ Notwendiger Konfigurationsraum ➢ Anzubietende Produktvarianten ➢ Prognostizierte Absatzzahlen	➢ Setzen von Konfigurationsverboten für technisch nicht sinnvolle Modulkonfigurationen ➢ Setzten von Konfigurationsgebote für technisch notwendige Kombinationen ➢ Festlegung von Optionspaketen	➢ Anzubietende und technisch sinnvolle Konfigurationen ➢ Konfigurationslogik ➢ Optionspakete ➢ Grundlagen zur Einführung eines Konfigurators
Methoden	Konfigurationsgebote, Konfigurationsverbote, Clusteranalyse	

Abbildung 3-24: Ableitung der Konfigurationslogik auf einen Blick[72]

Nachdem innerhalb des Kapitels der Baukasten zu Beginn strukturiert wurde, anschließend die Module des Baukastens detailliert und eine Konfigurationslogik abgeleitet wurde, ist das Baukastenpflichtenheft nun vollständig erstellt. Auf Basis der gegebenen Informationen kann eine konstruktive Ausarbeitung der Module folgen.

Key Learnings

- Durch die Strukturierung des Baukastens mittels generischer Produktstruktur, der Festlegung eines Bauraumkonzeptes, der Definition von Schnittstellen und der Festlegung von konstituierenden Merkmalen können grundlegende Eigenschaften des Baukastens festgelegt werden.

- Die Detaillierung der Module findet durch den Einsatz von Kommunalitätsmatritzen statt, in welchem die notwendige Vielfalt für Module und Baugruppen aufgrund von Variantentreibern festgelegt werden. Außerdem erfolgt eine Dokumentation der Moduleigenschaften in Form von Steckbriefen welche die im Anschluss an die Baukastengestaltung zu pflegenden Dokumente darstellt.

- Die Konfigurationslogik des Baukastens schränkt die Möglichkeiten Module miteinander zu kombinieren auf die von den Markt verlangten und technisch sinnvollen Kombinationen von Modulen und Baugruppen ein.

Abbildung 3-25: Key Learnings zur Baukastengestaltung[73]

---

[72] Eigene Darstellung, WZL

[73] Eigene Darstellung, WZL

3.3 Baukastenverankerung

Das Ziel des Kapitels zur Verankerung des Baukastens ist es, die notwendigen Schritte zu beschreiben, um Baukästen nachhaltig in Unternehmen einzuführen und nutzbar zu machen. Zu diesen Schritten zählt die Ermittlung von Komplexitätskosten, die Anpassung von Aufbau- und Ablauforganisation und die nachhaltige Implementierung der Baukastenorganisation im Unternehmen mithilfe von Change-Management.

3.3.1 Ermittlung von Komplexitätskosten

Komplexitätskosten umfassen die Kosten, welche sich durch die Vielfalt der im Unternehmen vorherrschenden Produktprogramme und Wertschöpfungsprozesse ändern.[74] Dabei kann zwischen direkten (laufende und einmalige) und Opportunitätskosten (werden hier nicht weiter berücksichtigt) unterschieden werden. Generell folgt die Erfassung der Komplexitätskosten einer prozessorientierten Kostenrechnung. Komplexitätskosten können dabei sowohl über umfassende Prozessmodelle als auch auf Basis von Referenzfällen aufgenommen werden. In dem hier vorliegenden Fall werden Komplexitätskosten auf Basis von Referenzfällen betrachtet. Dieses Vorgehen eignet sich insbesondere für den Maschinen- und Anlagenbau, da es bei der Kostenermittlung bei Abweichungen von Standardumfängen unterstützt.

Die Ermittlung von Komplexitätskosten auf Basis von Referenzfällen erfolgt auf Basis von vier Schritten. Zu Beginn müssen die Referenzfälle definiert werden. Dabei sollte es sich bei den Referenzfällen für die Komplexitätskosten um Änderungen an einer Konfiguration der Anlage handeln. Diese Änderung erfolgt aufgrund von Kundenwünschen, wel-

[74] Vgl. Schuh et al. (2017), Produktkomplexität managen, S. 151

che nicht durch vordefinierte Baukastenumfänge erfüllt werden. Als Beispiel können hier Änderungen am Turm betrachtet werden. Ausgehend von einer definierten Baukastenvariante können sich hierbei Änderungen ergeben, welche die Turmausstattung aber nicht die Turmhülle betreffen. Eine weitreichendere Änderung wiederum könnte eine Anpassung der Turmhülle betreffen, welche fast zwangsläufig die Anpassung der Turmausstattung bedingt. Damit stehen in diesem Beispiel zwei Referenzfälle als Abweichung gegenüber dem Standard zur Verfügung.

Nachdem Referenzfälle definiert wurden, müssen anschließend die betroffenen Abteilungen identifiziert werden. Hierbei sind alle Abteilungen zu identifizieren, welche durch eine Änderung der Turmhülle oder der Turmausstattung betroffen sind. Typische Abteilungen sind die Konstruktion, der Einkauf, das Qualitätsmanagement und die Zertifizierung. Mithilfe der identifizierten Abteilungen kann anschließend ein abteilungsspezifisches Modell zur Identifikation der Aufwände ermittelt werden.

Die Ermittlung des abteilungsspezifischen Prozessmodells erfolgt durch Workshops mit den Prozessbeteiligten. Hierbei müssen in einem ersten Schritt die Aktivitäten und Prozesse der Abteilung aufgenommen werden, welche bei der Projektbearbeitung durchgeführt werden. Hierzu können Prozessinterviews mit den Mitarbeitenden geführt werden. Die Prozessschritte werden anschließend mittels Excel dokumentiert. Anschließend gilt es zu bestimmen, wer diese Aktivitäten durchführt, falls unterschiedliche Mitarbeitende in der Abteilung vorhanden sind. Hierzu können zu jedem Prozessschritt in der Excel die Prozessverantwortlichen ergänzt werden. Zusätzlich müssen die Komplexitätstreiber identifiziert werden. Diese beschreiben, in welchem Fall ein Prozessschritt durchgeführt werden muss, beispielsweise bei der Erstellung einer neuen Materialnummer. Komplexitätstreiber stellen somit das Bezugselement für einen Prozessschritt dar. Nachdem die Komplexitätstreiber, Prozessschritte und Prozessverantwortlichen identifiziert wurden werden im nächsten Schritt die Aufwände für die zuvor definierten Referenzfälle bestimmt. Für jeden einzelnen Referenzfall werden die anfallenden Aufwände innerhalb einer Abteilung beschrieben, indem die Dauer der zuvor ermittelten Aktivitäten bei Bearbeitung des Referenzfalls abgefragt wird. Durch eine Verrechnung von Aufwand mit den anfallenden Stundensätzen einer Abteilung können so die Komplexitätskosten einer Abteilung, für einen spezifischen Referenzfall ermittelt werden.

Nachdem die Komplexitätskosten abteilungsspezifisch ermittelt wurden, können die gesamten Komplexitätskosten eines Referenzfalls durch die Addition der Aufwände aller Abteilungen ermittelt werden. Dabei kann es sein, dass je nach Referenzfall in manchen Abteilungen keine Komplexitätskosten anfallen. Die Zusammenstellung aller Abteilungen mit den spezifischen Referenzfällen bilden abschließend das Komplexitätskostenmodell (siehe Abbildung 3-26).

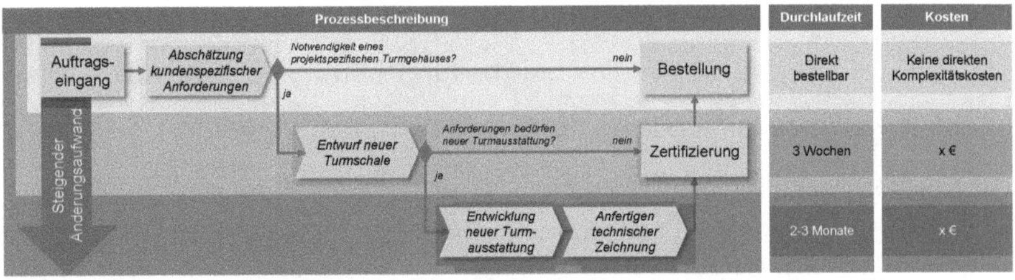

Abbildung 3-26: Darstellung unterschiedlicher Aufwände bei Türmen[75]

Mithilfe der referenzfallbasierten Komplexitätskosten kann das Bewusstsein in der Organisation bezüglich varianteninduzierter Aufwände

[75] Eigene Darstellung, WZL

gestärkt werden. Dabei ist ein besonderer Fokus auf den Vertrieb und die Kalkulation zu legen. Dem Vertrieb kann mithilfe der referenzfallbasierten Komplexitätskosten ein besseres Verständnis über die entstehenden Kosten bei Abweichungen vom Standard vermittelt werden. Weiterhin können im Bereich der Kalkulation insbesondere Sonderprojekte besser kalkuliert werden, wenn anfallende Sonderaufwände bekannt sind. Dabei gilt es, die Komplexitätskosten regelmäßig zu überprüfen und ggf. anzupassen, um die Aktualität dieser zu gewährleisten.

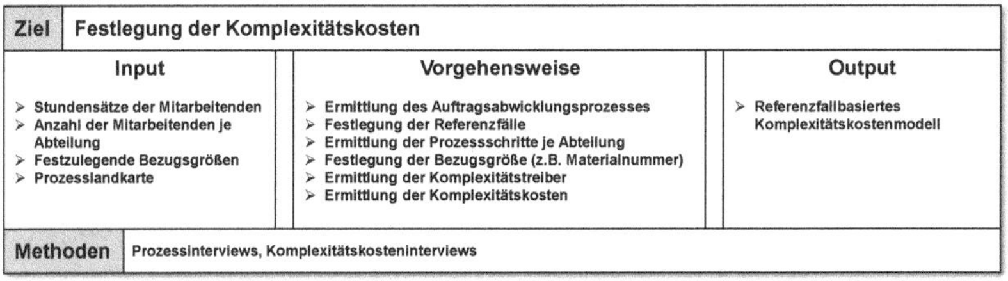

Abbildung 3-27: Vorgehen zu den Komplexitätskosten auf einen Blick[76]

3.3.2 Anpassung der Aufbau- und Ablauforganisation

Um eine nachhaltige Verankerung des Baukastens sicherzustellen, muss die Organisationsstruktur des Unternehmens entsprechend angepasst werden. Hier ergeben sich drei wesentliche Handlungsfelder: die prozessuale Verankerung in der Ablauforganisation, das Controlling mittels Kennzahlen sowie die Verankerung in der Aufbauorganisation durch die Definition entsprechender Rollen. Änderungen in der Ablauforganisation betreffen insbesondere den Entwicklungs- und Auftragsabwicklungsprozess, in geringerem Ausmaß auch Vertriebsprozesse wie die Erstellung der Value Proposition für die Kunden.

Für eingehende Aufträge wird zunächst entschieden, ob diese innerhalb oder außerhalb des Baukastens bearbeitet werden sollen. Zuständig für

[76] Eigene Darstellung, WZL

diese Entscheidung ist das Baukastengremium, dessen Aufbau und Funktion im Weiteren näher beschrieben werden. Aufträge, die mit den bestehenden Modulen des Baukastens erfüllt werden können, müssen in der weiteren Entwicklung nur konfiguriert werden. Hier steht eine effiziente Bearbeitung durch aufwandsarme Freigabe und standardisierte Abläufe im Vordergrund. Bei Aufträgen, die nicht im Standardumfang liegen, erfolgt eine Abschätzung der zu erwartenden Auswirkungen auf den Baukasten und ein Freigabeprozess je nach Umfang der Auswirkungen. Müssen etwa lediglich einige kundenspezifische Module hinzugefügt werden, welche nur geringe Auswirkungen auf andere Module haben, so kann dieser Auftrag im Baukasten entwickelt werden. Hier können die Vorteile der Standardisierung im Baukasten, wie Skaleneffekte oder die vereinfachte Dokumentation, genutzt werden. Erfordert ein Auftrag allerdings umfangreiche Änderungen an einem Modul, das großen Einfluss auf andere Elemente des Baukastens hat und eine geringe Flexibilität aufweist, so ist eine Bearbeitung außerhalb des Baukastens vorzuziehen. In diesem Fall kann der Auftrag auch angenommen und bearbeitet werden, er wird jedoch als Sonderkonstruktion für die entsprechenden Kunden behandelt und entsprechend bepreist. Wird den Kunden der Grund für dieses Vorgehen transparent gemacht, so kann dies dazu führen, dass die Kunden ihre Sonderwünsche gegenüber den Kostenvorteilen einer Baukastenvariante abwägen. Oft steigt die Bereitschaft, gezielt auf Anforderungen zu verzichten, wenn der kundenseitige Kostenvorteil beziffert werden kann.

Nicht nur Kundenaufträge, sondern auch die Überarbeitung und Neuentwicklung von Modulen für den Baukasten werden vor dem Hintergrund der Auswirkungen auf den Baukasten bewertet und priorisiert. Beweggründe für derartige Anpassungen können die Reaktion auf Marktbewegungen sein. Hier wird auch vom Market-Pull gesprochen.

Demgegenüber steht die Integration von Neuentwicklungen, dem sogenannten Technology-Push. In beiden Fällen werden in der Regel Module hinzugefügt oder angepasst, um die neuen Anforderungen erfüllen zu können.

Entwicklungsprojekte für den Baukasten werden stark untereinander synchronisiert. Durch die enge Abstimmung untereinander kann die Entwicklung auf den größten Gesamtnutzen ausgerichtet werden. Dazu kann es beispielsweise sinnvoll sein, eine Komponente gezielt durch Over-Engineering so auszulegen, dass diese für alle Varianten zum Standard wird. Die Effizienzverluste und Kosteneffekte auf Komponentenlevel werden durch die Skaleneffekte kompensiert und führen zu einem Kostenvorteil für das Gesamtprodukt bzw. den Baukasten. Die frühe und intensive Abstimmung erlaubt die Auswahl des geeignetsten Konzepts.

Änderungen am Baukasten erfolgen in Releases und folgen einer Entwicklungs-Roadmap. Dadurch wird die Struktur des Baukastens nur zu gewissen, im Voraus bestimmten Zeiträumen angepasst und bietet damit sowohl nach Innen als nach Außen Stabilität und Planbarkeit.

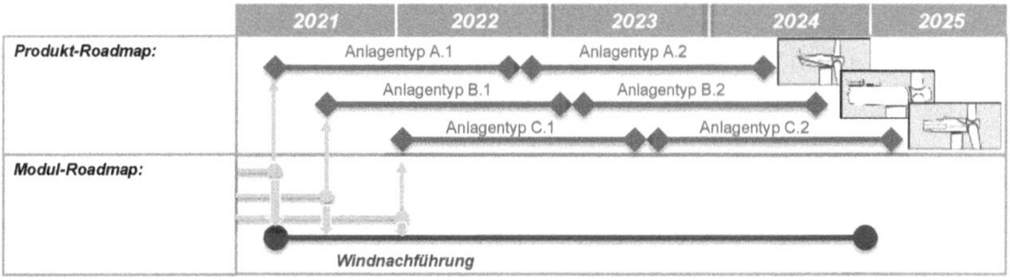

Abbildung 3-28: Entwicklungsroadmap zur Verankerung des Baukastens[77]

Abbildung 3-28 zeigt den herkömmlichen und den neuen Entwicklungsprozess im Vergleich. Während zuvor eine Vielzahl von Projekten mit

[77] Eigene Darstellung, WZL

unterschiedlichen Timelines und Entwicklungszielen nebeneinander liefen, sind diese jetzt in einen übergreifenden Baukastenentwicklungsprozess integriert. Anstelle der projektspezifischen Zeitpläne ist eine ganzheitliche Entwicklungsroadmap getreten, die sich am Zielsystem des Baukastens orientiert. Die anfängliche, abteilungsübergreifende Abstimmung stellt, in Kombination mit regelmäßigen Synchronisationspunkten, sicher, dass alle Interessengruppen im Unternehmen umfassend informiert sind.

Im Rahmen der oben bereits beschriebenen Auftragsfreigabe wird auf Kennzahlen zurückgegriffen. Diese dienen der vorbereitenden Beschreibung von Entwicklungsprojekten, können aber auch für das Controlling des Baukastens eingesetzt werden.

Grundsätzlich bilden die Kennzahlen die vier wesentlichen Perspektiven auf den Baukasten ab: die Finanzperspektive betrachtet dabei die Wirtschaftlichkeit des Unternehmens, die Marktperspektive dessen Umfeld. In der Wertschöpfungsprozessperspektive stehen die internen Prozesse des Unternehmens im Vordergrund und schließlich wird mit der Produktarchitekturperspektive das Spannungsfeld von Standardisierung und Flexibilität fokussiert. Diese Perspektiven können mittels Kennzahlen operationalisiert werden. Hier wird exemplarisch die KPI_{Reuse} als Kennzahl für Teilewiederverwendung vorgestellt. Wie in Abbildung 3-29 dargestellt, ergibt sich die Kennzahl als Differenz aus der Anzahl der Materialnummern des Ausgangsprojekts und der Anzahl neuer Materialnummern im aktuellen Projekt.

$$KPI_{Wiederverwendung} = \frac{\sum X_{i,Basis} - \sum X_{i,Neu}}{\sum X_{i,Basis}}$$

$\sum X_{i,Basis}$ ≙ *Beschreibt die Menge der Materialnummern, die in der Stückliste des Basisprojekts vorhanden sind, ohne Duplikate.*

$\sum X_{i,Neu}$ ≙ *Beschreibt die Menge der neu erstellten Materialnummern innerhalb des Projekts.*

Beispiel

$$KPI_{Wiederverwendung} = \frac{2.850 - 425}{2.850} = 85\%$$

- ***Modellwechsel der Anlage WEC Typ B von dritter auf vierte Generation.***
- ***85% der für den Bau dieses WEC verwendeten Teile sind bereits verwendet worden.***

Abbildung 3-29: Definition der Kennzahl für Teilewiederverwendung[78]

Das Ergebnis wird auf die Materialnummernanzahl des Ausgangsprojekts normiert und gibt Aufschluss darüber, welcher Anteil an Komponenten des neuen Produkts bereits in früheren Projekten genutzt wurde. Ein hoher Anteil weist dementsprechend auf einen hohen Grad an Wiederverwendung hin. Dies entspricht der Zielsetzung des Baukastens, etwa geringerer Entwicklungskosten aus Finanzperspektive oder einer begrenzten Vielfalt der Baukastenelemente aus Produktarchitektur-Sicht.

Analog lassen sich weitere Kennzahlen etwa zur Erzielung von Skaleneffekten oder zum Umfang der Maximalstückliste definieren.

Die ablauforganisatorischen Veränderungen müssen von einer Anpassung der Aufbaustruktur begleitet werden. Diese dienen einerseits der vereinfachten Durchführung der veränderten Prozesse. Andererseits sollen die mit der Einführung des Baukastens einhergehenden Zielkonflikte transparent gemacht und Ansätze geliefert werden, mit denen diese adressiert werden können. Um die Baukastenziele institutionell zu

[78] Eigene Darstellung, WZL

verankern, werden entsprechende Rollen definiert. Die wichtigsten Rollen finden sich in Abbildung 3-30.

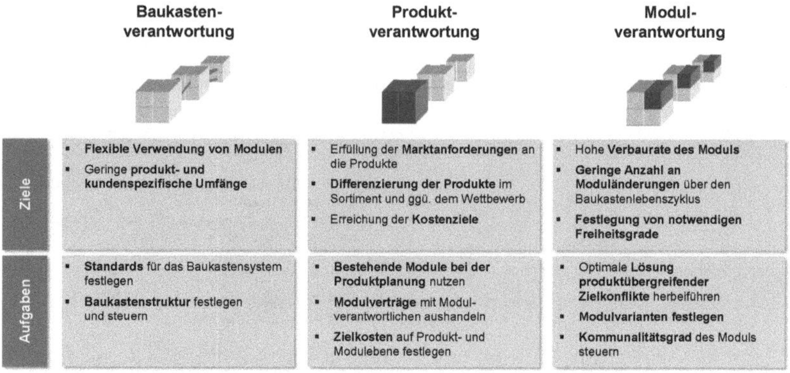

Abbildung 3-30: Rollenprofile der Baukastenaufbauorganisation[79]

Die Rolle mit Baukastenverantwortung überwacht die übergreifenden Baukastenziele flexibel einsetzbarer Module bei gleichzeitig hohem Standardisierungsgrad. Sie beabsichtigt, produkt- und kundenspezifische Umfänge zu minimieren, um deren Anforderungen möglichst aus dem Baukasten zu bedienen. Dazu steuert sie die Baukastenstruktur und ist für die Festlegung von Standards und die Definition von Schnittstellen verantwortlich. Auch die strategische Weiterentwicklung des Baukastens fällt in ihren Verantwortungsbereich.

Die Rolle mit Produktverantwortung bringt die Außenperspektive ein und beobachtet Märkte, Technologien und den Wettbewerb. Daraus stellt sie die Produktanforderungen zusammen, welche in ihrer Gesamtheit das Lastenheft für die Modulentwicklung bilden. Ziel ist also die Erfüllung der Produktanforderungen bei gleichzeitiger Nutzung bestehender Module bei der Produktplanung. Über deren Einsatz schließt sie mit der Rolle mit Modulverantwortung die sogenannten Modulverträge ab.

[79] Eigene Darstellung, WZL

Neben der Erfüllung der Produktanforderungen bestehen ihre Ziele außerdem in der Differenzierung des Produkts gegenüber dem übrigen Sortiment sowie Konkurrenzprodukten. Die Erreichung der Kostenziele ist ebenfalls in ihrem Fokus, dazu legt sie die Zielkosten auf Produkt- und Modulebene fest.

Die Modulentwicklung oder -änderung innerhalb des Baukastens wird von Modulverantwortlichen angestoßen. Im Spannungsfeld zwischen Einhaltung der Baukastenstandards und Anbieten einer optimalen Lösung für die Produktanforderungen legen diese die Modulvarianten fest. Ziel ist dabei eine hohe Verbaurate des Moduls bei möglichst geringer Anzahl an Moduläderungen über den Baukastenlebenszyklus. Sie schließen mit den Produktverantwortlichen Modulverträge, welche die Verwendung von Modulen in Produkten festlegen. Dabei ist es die Aufgabe, die Kompatibilität der Module untereinander sicherzustellen, bevor diese zur gemeinsamen Verwendung freigegeben werden.

In diesen Rollen werden die unterschiedlichen Perspektiven und die daraus resultierenden Ziele institutionalisiert. Damit einhergehenden Zielkonflikte werden sichtbar und können im Austausch der Rollen untereinander ausgehandelt werden. Um diesen Austausch ebenfalls zu institutionalisieren, bilden die Verantwortlichen ein Baukastengremium. Ziel des Gremiums ist die Vorstellung des Status quo aus der Perspektive der verschiedenen Rollen sowie das Adressieren von Zielkonflikten und deren Auflösung bzw. Entscheidung durch Priorisieren. Die Festsetzung von Regelterminen verstetigt diesen Prozess.

Ziel	Festlegung der Aufbau- und Ablauforganisation	
Input	**Vorgehensweise**	**Output**
➢ Prozesslandkarte ➢ Organigramm ➢ Rollenprofile ➢ Kennzahlen	➢ Ermittlung der aktuell im Unternehmen vorhandenen Aufgaben ➢ Ermittlung der aktuell im Unternehmen vorhandenen Prozesse	➢ Rollenprofile ➢ Organigramm ➢ Prozesslandkarte ➢ Baukasten Kennzahlen ➢ Baukasten Gremium
Methoden	Rollenprofile (Aufgaben, Kompetenzen, Verantwortung, Prozessmodellierung	

Abbildung 3-31: Aufbau- und Ablauforganisation auf einen Blick[80]

Flankiert werden die organisatorischen Anpassungen von einem systematischen Change-Management, welches im Folgenden beschrieben wird.

3.3.3 Change-Management

Ziel des Change-Managements ist die Unterstützung nachhaltiger Veränderung im Unternehmen, um einen planvollen und erfolgreichen Übergang vom Ausgangs- zum Zielzustand zu ermöglichen.

Daher gilt es zunächst eine Vision zu formulieren und daraus Ziele abzuleiten. Kernfragen sind hier: Was wollen wir erreichen, wie wollen wir es erreichen und warum wollen wir es erreichen? Dabei sollte das „was" möglichst bildhaft und klar dargestellt werden. Klare Zielbilder wirken motivierend und helfen, die Tätigkeiten der Mitarbeitenden auszurichten. Für das „wie" gilt es, Teilziele abzuleiten, die als Meilensteine den Veränderungsprozess strukturieren. Der jeweils nächste Meilenstein sollte ambitioniert, aber erreichbar sein und einen Beitrag zum jeweils übergeordneten Ziel leisten. Oft vernachlässigt wird das „warum". Hier muss zielgruppenspezifisch argumentiert werden. Während die Buchhaltung oder der Einkauf den Nutzen eine Teilewiederverwendung von 85% womöglich noch unmittelbar erkennt, kann es für die Produktentwicklung wichtig sein, aufzuzeigen, dass Kosten- und Zeitersparnisse

[80] Eigene Darstellung, WZL

dazu führen, dass ein höherer Aufwand in interessante Neuentwicklungen investiert werden kann. Durch eine solche Übersetzung der Ziele, können die jeweiligen Empfänger zusätzlich motiviert werden.
Damit Veränderung gelingt, müssen Führungskräfte vorangehen. Dabei fungiert das Top Management als Impulsgeber. Es initiiert den Veränderungsprozess und muss hinter den Zielen und Methoden stehen. Das schlägt sich auch in der Priorisierung von Tätigkeiten, die zum Change Prozess beitragen, nieder. Das mittlere Management folgt der Linie des Top Managements und dient insbesondere als direktes Vorbild für die Belegschaft. Es muss die Veränderung leben.
Methodische Unterstützung von Veränderung beginnt schon bei Analyse der Ausgangssituation. Hier gilt es gezielt die von Änderungen betroffenen Anspruchsgruppe zu identifizieren und diese von Beginn an in die Neugestaltung einzubinden. Dies sorgt erstens für ein vertieftes Verständnis für die Notwendigkeit der Veränderung, baut zweitens die Vorbehalte gegenüber von außen verordneter Veränderung ab und kann drittens das Einbringen von Erfahrungs- und Expertenwissen begünstigen.
Um systemischer Trägheit, Status-quo-Verzerrung und natürlichen Abwehrmechanismen der Mitarbeitenden entgegenzuwirken, ist eine angemessene Veränderungskommunikation notwendig. Dazu stehen unterschiedliche Kommunikationskanäle und -medien zur Verfügung. So kann etwa ein Glossar zur Begriffsklärung aufgebaut werden oder ein Imagefilm die aktuellen Anstrengungen im Veränderungsprozess zeigen. Kommunikation kann mit einer großen Marketingkampagne an die Öffentlichkeit gerichtet sein oder sich über ein Wiki im Intranet an die Mitarbeitenden wenden. Spotlight Veranstaltungen in Kombination mit World Cafés eigenen sich insbesondere dazu, einen breiten Kreis an Adressat*innen anzusprechen und gleichzeitig die Möglichkeit für die

intensivere Beschäftigung mit einzelnen Teilaspekten zu ermöglichen. Dazu wird zunächst eine zentrale Veranstaltung für die Mitarbeitenden ausgerichtet, in der Neuerungen vorgestellt und die Möglichkeiten der Mitwirkung aufgezeigt werden. Sodann können sich die Teilnehmenden zwischen den thematischen Sessions der World Cafés frei bewegen und die für sie jeweils besonders interessanten Inhalte in größerer Tiefe diskutieren. Die im Rahmen der World Cafés fokussierten Teilaspekte eines Produktbaukastens sind beispielsweise: die IT-seitige Verankerung, die organisatorische Implementierung und die Modularisierung. Die Auswahl der geeigneten Methode und Kanäle muss auf den Adressatenkreis und das Kommunikationsziel ausgerichtet werden. Im vorliegenden Beispiel sollte ein gesamter Standort adressiert und mit grundlegenden Informationen aus dem laufenden Veränderungsprozess versorgt werden. Da der Kommunikationserfolg wesentlich von der Auswahl einer geeigneten Methode abhängt, ist diese sorgfältig vorzunehmen.

Ziel Unterstützung der erfolgreichen Einfügung des Baukastens		
Input	**Vorgehensweise**	**Output**
➢ Projektplanung ➢ Entwicklungs-Roadmap ➢ Organigramm ➢ Prozesslandkarte	➢ Formulieren einer Unternehmensvision für den Baukasten ➢ Festlegung von Kommunikationskanälen ➢ Festlegung von Kommunikationsmedien ➢ Festlegung der Informationsreihenfolge	➢ Vision für den Baukasten ➢ Zielbild ➢ Kommunikations-Roadmap
Methoden Zielbildentwicklung, Leitfragen, Visionsworkshop Stakeholder Analyse, Kommunikationsmethoden		

Abbildung 3-32: Change Management auf einen Blick[81]

Nachfolgend werden die Key Learnings für das Kapitel 4.3 noch einmal dargestellt.

[81] Eigene Darstellung, WZL

Key Learnings

- Die Ermittlung von Komplexitätskosten auf Basis von Referenzfällen bewertet die Kosten für Abweichungen von dem Baukasten und unterstützt somit die kostenmäßige Bewertung dieser bei Neuprojekten.

- Die Anpassung der Aufbau- und Ablauforganisation zur nachhaltigen Verankerung des Baukastens unterstützt die Weiterentwicklung des Baukastens und verhindert ein aufweichen von Baukastenstandards durch neue Varianten.

- Ein begleitendes Change-Management bei der Baukastengestaltung durch konsequente Kommunikation des Projektfortschrittes und dem aufzeigen von Erfolgen unterstützt die Akzeptanz des Baukastens innerhalb des Unternehmens.

Abbildung 3-33: Key Learnings zur Verankerung des Baukastens[82]

3.4 Fazit zum Baukastenentwicklungsprozess

In Kapitel 3 wurden die notwendigen Schritte zur Entwicklung eines Baukastens vorgestellt. Diese Schritte umfassen die Analyse, die Gestaltung und die Verankerung des Baukastens. Mithilfe der Analyse wurden hierbei Anfangs zentrale Voraussetzungen für die Baukastenentwicklung geschaffen. Dazu wurden unterschiedliche Methoden zur Marktstrukturierung und Marktbewertung eingeführt. Weiterhin erfolgte die Vorstellung der Analysen bezüglich interner Anforderungen. Die Ergebnisse der Analysen bilden dabei das Baukastenpflichtenheft ab, welches durch das im Anschluss entwickelte Baukastenlastenheft erfüllt werden muss. Innerhalb des Baukastenpflichtenhefts sind die Struktur des Baukastens, die Detaillierung der Module und der Aufbau der Konfigurationslogik erfolgt. Hierzu wurden Elemente wie die Produktstruktur, eine Bewertung für Bauraumkonzepte, Schnittstellenmatrizen und

---

[82] Eigene Darstellung, WZL

Schalenmodelle eingeführt. Diese Elemente dienen der methodischen Unterstützung der Baukastenentwicklung. Abschließend erfolgte die Beschreibung des Vorgehens zur organisatorischen Verankerung des Baukastens, sodass dieser genutzt werden kann. Hierzu wurden Vorschläge zur Anpassung von Ablauf- und Aufbauorganisation vorgestellt.

4 Zusammenfassung der Ergebnisse

In den vorangegangenen Kapiteln wurden die Motivation, Erfolgsfaktoren und Entwicklungsschritte für Baukästen in der Windenergiebranche vorgestellt. Zusammenfassend soll nachfolgend ein kurzes Resümee über die vorgestellten Inhalte gezogen werden, wie der Baukastenansatz entstanden ist und welche Ideen hinter der Erstellung des Leitfadens liegen.

Als grundlegende Motivation der Baukastenentwicklung in der Windenergiebranche sind sinkende Einspeisevergütungen und ein daraus resultierender steigender Wettbewerb zwischen den Anbietenden von Windenergieanlagen hervorzuheben. Weiterhin sind sich ändernde Marktbedingungen ein Treiber für kürzer Innovationszyklen, so dass sich die Time-to-Market von Windenergieanlagen weiter verringern muss. Eine Möglichkeit hierzu ist die Einführung von Baukästen in der Windenergiebrachen. Hierzu kann die Automobilbranche als Ausgangspunkt dienen. Bei der Übertragung des Baukastenkonzepts aus der Automobilindustrie auf die Windenergiebranche müssen dabei die Besonderheiten der Branche insbesondere bezüglich Stückzahlen und Komplexität der Anlagen berücksichtigt werden.

Die im Folgenden beschriebenen Erfolgsfaktoren bei der Baukastengestaltung stammen aus Studien, Expertengesprächen und der Praxiserfahrung durch eine Vielzahl von Projekten im Anlagenbau allgemein, sowie zum Teil in der Windenergiebranche im Speziellen. Die Erfolgsfaktoren beschreiben dabei nicht nur methodische Elemente bei der Gestaltung von Baukästen, sondern insbesondere auch allgemeine Rahmenbedingungen für die Unternehmen, wie beispielsweiße das Top Management Commitment welches von zentraler Bedeutung bei der Einführung von Baukästen ist.

Nachdem Motivation und Erfolgsfaktoren für die erfolgreiche Gestaltung von Baukästen in der Windenergiebrache beschrieben wurden, erfolgte die Grobkonzeption des Vorhabens. Dies beinhaltet drei übergeordnete Schritte. In einem ersten Schritt sind externe und interne Anforderungen an einen Baukasten analysiert worden. Die Analyse umfasst dabei die Märkte, das Produkt sowie die Produktionsprozesse einer Windenergieanlage. Mithilfe der Ergebnisse dieser Analysen ist ein Baukastenlastenheft erstellt worden, welches alle Anforderungen an einen Baukasten beinhaltet. Dieses gilt es im nachfolgenden Schritt durch ein Baukastenpflichtenheft zu erfüllen. Das Baukastenpflichtenheft wiederum beinhaltet die Struktur des Baukastens, also die Darstellung wie sich ein Produkt auf Basis von Modulen, Baugruppen etc. zusammensetzt. Weiterhin ist das Bauraumkonzept dieser Elemente festzulegen, sowie die Schnittstellen zwischen den Modulen zu definieren. Ist die Struktur festgelegt erfolgt die Detaillierung der Module. Hierzu müssen Anforderungen an einzelne Module und Baugruppen ermittelt werden und die notwendigen Modulvarianten bestimmt werden. Anschließend werden diese in Form von Modulsteckbriefen dokumentiert. Die Konfiguration der Modulvarianten zueinander wird anschließend mittels einer Konfigurationslogik festgelegt. Hierbei werden marktseitige und technische Einschränkungen berücksichtigt.

Abschließend erfolgt eine Verankerung des Baukastens, damit dieser im Unternehmen nutzbar ist. Hierzu können zum einen Komplexitätskosten als Unterstützung des Vertriebs genutzt werden, damit Abweichungen vom Baukasten verursachungsgerecht bepreist werden können. Weiterhin ist eine Anpassung von Aufbau- und Ablauforganisation notwendig, damit der Baukasten aktuell bleibt und verkauft werden kann. Der Gesamte Prozess ist dabei im Sinne eines übergreifenden Change-Managements zu unterstützen.

Das Thema der Baukastenentwicklung hat in der Windenergiebranche in den letzten Jahren großen Anklang gefunden. Neben einer Vielzahl von Standardisierungsmaßnahmen und Plattformansätzen ist die Weiterentwicklung zu vollständigen Baukastenanlagen lediglich eine Frage der Zeit. Der Leitfaden soll die Branchenmitglieder bei der Einführung eines Baukastens unterstützen und ist daher praxisnah geschrieben, ohne dabei näher auf die wissenschaftliche Seite von Baukästen einzugehen. Letztendlich ist das Ziel, die Wirtschaftlichkeit der Unternehmen trotz steigendem Wettbewerbsdruck zu erhöhen und hierfür die Einführung von Baukästen in der Windenergiebranche zu unterstützen.

5 Literaturverzeichnis

Arnoscht, J., Beherrschung von Komplexität bei der Gestaltung von Baukastensystemen, 1. Aufl.; Apprimus-Verl., Aachen, 2011.

Barg, S., Kontextbezogene Auslegung von Produktbaukästen, 1. Auflage; Apprimus-Verl., Aachen, 2017.

Breunig, S., Produktarchitekturgestaltung mechatronischer Baukastensysteme, 1. Auflage; Apprimus-Verl., Aachen, 2017.

*Bundesministerium für Wirtschaft und Energie (*2017), EEG-Umlage 2017: Fakten und Hintergründe 18.01.2021.

*Bundesministerium für Wirtschaft und Energie (*2020), Erneuerbare Energien. URL: https://www.bmwi.de/Redaktion/DE/Dossier/erneuerbare-energien.html 18.01.2021.

*Bundesministerium für Wirtschaft und Energie (*2020), Bruttobeschäftigung durch erneuerbare Energien 2000 bis 2018. URL: https://www.erneuerbare-energien.de/EE/Redaktion/DE/Downloads/zeitreihe-der-beschaeftigungszahlen-seit-2000.pdf?__blob=publicationFile&v=2 18.01.2021.

*Bundesnetzagentur (*2021), Stromerzeugung und Stromhandel 2020. URL: https://www.smard.de/page/home/topic-article/444/202398 18.01.2021.

*Bundestag (*21.12.2020, Gesetz für den Ausbau erneuerbarer Energien (Erneuerbare-Energien-Gesetz - EEG 2021) - EEG 2021Bundesgesetzblatt URL: https://www.bgbl.de/xaver/bgbl/start.xav?startbk=Bundesanzeiger_BGBl&start=//*[@attr_id=%27bgbl120s3138.pdf%27]#__bgbl__%2F%2F*%5B%40attr_id%3D%27bgbl120s3138.pdf%27%5D__1611757977287, zuletzt aktualisiert am 21.12.2020, [Stand: 27.01.2021]

*Enercon GmbH (*2019), Enercon Produktportfolio 15.01.2021.

*Falkenberg, D. (*2015), Marktanalyse – Windenergie an Land - Untersuchung im Rahmen des Vorhaben IIE zur Stromerzeugung aus Windenergie 15.01.2021.

Fischer, A., IW-Kurzbericht 71/2019 - Steigende Förderkosten bei der Windkraft: Genehmigungsstau bremst Wettbewerb,, 2019.

GWEC, GWEC - Global Wind Report 2019,, 2020.

*Handelsblatt (*2018), Solarworld ist schon wieder pleite. URL: https://www.handelsblatt.com/unternehmen/energie/solarmodul-hersteller-solarworld-ist-schon-wieder-pleite/21122208.html?ticket=ST-6026946-os6VTTHnNTNgcdxcR02F-ap2 18.01.2021.

*International Electrotechnical Commission (*2013) Wind turbines - Part 2: Small, IEC 61400. 2013.

*International Electrotechnical Commission (*2019) International Electrotechnical Commission 2019, IEC 61400. 2019.

Kern, L.; Seebaß, J.; Schlüter, J., Das Potenzial von vertikalen Windenergieanlagen im Kontext wachsender Flächennutzungskonflikte und Akzeptanzprobleme der Windenergie, In: Zeitschrift für Energiewirtschaft, Nr. 4, 43. Jg., 2019, S. 289-302.

Kost, C.; Shammugam, S.; Jülich, V.; Nguyen, H.-T.; Schlegl, T., Stromgestehungskosten Erneuerbare Energien März 2018, 2018.

Letcher, T. M., Wind energy engineering - A handbook for onshore and offshore wind turbines, Academic Press, London, United Kingdom, San Diego, CA, 2017.

*Lütkehaus, I.; Salecker, H.; Adlunger, K. (*2013), Potenzial der Windenergie an Land - Studie zur Ermittlung des bundesweiten Flächen- und Leistungspotenzials der Windenergienutzung an Land 15.01.2021.

maexpartners und VDMA Arbeitsgemeinschaft Großanlagenbau, Modularisierung und Standardisierungsansätze im Anlagenbau - Mythos oder Realität?, 2014.

Meier, D., Die Ausgabenstruktur eines Windparks während der Projektentwicklung, In: Meier, D.; Rietz, S. (Hrsg.): Projektmanagement in der Windenergie - Strategien und Handlungsempfehlungen für die Praxis, GABLER, 2019, S. 161-174.

Molch, D., Projektmanagement-Office - Auf dem Weg zur Standardisierung, In: Meier, D.; Rietz, S. (Hrsg.): Projektmanagement in der Windenergie - Strategien und Handlungsempfehlungen für die Praxis, GABLER, 2019, S. 231-276.

Ortlieb, C., Produktportfoliogerechte Baukastenstrukturierung, 1. Auflage; Apprimus-Verl., Aachen, 2017.

*Reimer, N. (*2019), Die Hoffnung ist biegsam. URL: https://www.zeit.de/wirtschaft/unternehmen/2019-12/solarzellen-herstellung-deutschland-firma-heliatek/komplettansicht 18.01.2021.

*Reuter, A.; Elsner, P. (*2016), Windkraftanlagen - Technologiesteckbrief zur Analyse "Flexibilitätskonzepte für die Stromversorgung 2050" 27.01.2021.

*Rheinland, T. (*2018), Prüf- und Zertifizierungsordnung für Windenergieanlagen 27.01.2021.

Schuh, G., Innovationsmanagement, Springer Berlin Heidelberg, Berlin, Heidelberg, 2012.

Schuh, G., Leitfaden zur Baukastengestaltung - Ergebnisse des Forschungsprojekts Gestaltung innovativer Baukasten- und Wertschöpfungsstrukturen (GiBWert) ; ... innerhalb des Rahmenkonzeptes "Foschung für die Produktion von morgen", VDMA Verl., Stuttgart, 2015.

Schuh, G.; Dölle, C., Sustainable Innovation - Nachhaltig Werte schaffen, 2. Auflage 2021; Springer Berlin; Springer Vieweg, Berlin, 2021.

Schuh, G.; Riesener, M., Produktkomplexität managen - Strategien - Methoden - Tools, 3., vollständig überarbeitete Auflage; Hanser, München, 2017.

Tande, J. O.; Uhlen, K.; Merz, K.; Anaya-Lara, O., Offshore wind energy technology, Wiley, Hoboken, NJ, 2018.

*Vieweg, H.-G. (*2001), Der mittelständische Maschinenbau am Standort Deutschland - Chancen und Risiken im Zeitalter der Globalisierung und "New Economy". URL: https://www.yumpu.com/de/document/read/6319889/der-mittelstandische-maschinenbau-am-standort-ifo-institut 08.01.2021.

Voigt, K.-I., Risikomanagement im industriellen Anlagenbau - Konzepte und Fallstudien aus der Praxis, Schmidt, Berlin, 2010.

FSC®
www.fsc.org
MIX
Papier | Fördert gute Waldnutzung
FSC® C083411

Kolibri 360 GmbH
Ferdinand-Jühlke-Straße 7
99095 Erfurt, Deutschland
produktsicherheit@kolibri360.de